Essai sur l'hygrométrie de Jean Henri Lambert

L'oeuvre de Jean Henri Lambert (1728-1777) est de celles qui illustrent de la manière la plus significative le siècle des lumiè̈res. La curiosité de cet autodidacte s'est étendue à tous les sujets que le développement des sciences au milieu du XVIIIème siècle mettait à l'ordre du jour, et en tous son talent s'est manifesté suffisamment pour lui valoir très vite une réputation flatteuse dans l'Europe savante. Né à Mulhouse, Lambert chercha en Suisse ses premiers moyens de subsistance et exerça des fonctions enseignantes dans les collèges de plusieurs villes importantes. Devenu citoyen helvétique et disposant de l'usage de plusieurs langues (français, allemand, latin), il ne tarda pas à être attiré par les Universités allemandes, mais c'est à Berlin qu'il trouva en définitive la place qui lui convenait, comme membre de l'Académie des Sciences et Belles Lettres du Royaume de Prusse (1765) . Tandis que le grand Leonhard Euler quittait cette institution dont il avait plus que tout autre assuré l'éclat durant plus de vingt ans, Lambert prit la relève d'une tradition de haute culture à laquelle le Roi Préderic II était aussi attaché qu'à sa gloire personnelle. Les Mémoires que Lambert a consacrés à l'hygrométrie appartiennent à cette période durant ~~plus de vingt ans, Lambert prit la relève d'une~~ laquelle le savant mulhousien prit une part remarquablement active à la vie scientifique de l'Académie de Berlin.

Sans doute n'y a-t-il pas lieu de s'étonner qu'un esprit attiré par les perspectives d'une cosmologie large se soit préoccupé d'un sujet qui intéresse l'étude du milieu terrestre et qui correspond à l'élaboration de données utiles pour la météorologie. Mais ce terme même évoque une science qui n'était que naissante dans la deuxième moitié du XVIIIème siècle et le fait que Lambert ait jugé opportun de consacrer quelques efforts méthodiques à la mesure de l'humidité de l'atmosphère mérite l'attention . Il y a tout lieu de penser que ces efforts ne sont pas seulement le fait d'une curiosité très particulière et qu'ils ont été motivés par une nécessité de la matière même d'un domaine physique encore mal défini. Les Essais sur l'hygrométrie que Lambert a publiés dans les Mémoires de Berlin pour 1769 et 1772 confirment par leur contenu qu'il s'agit d'une contribution originale à la méthodologie de la science expérimentale et dans la mesure même où ils sont aujourd'hui moins aisément accessibles au lecteur que les ouvrages plus célèbres de l'auteur, il importait de les faire bénéficier d'une édition nouvelle.

.../...

ſultat comme en gros. Comme le froid n'étoit pas encore très fort, je ne fis chauffer que le matin. Le thermometre en plein air ſe trouva d'un ou de 2 degrés au deſſous du terme de congélation, & dans la chambre il varia entre 8 & 12 degrés, ſuſpendu près de la fenêtre. J'obſervai la hauteur de l'eau chaque matin avant qu'on chauffât, & elle ſe trouva

le 3 Decembre	- -	30,5 lignes
4	- - - -	26,5
5	- - - -	21,2
6	- - - -	17,0
7	- - - -	10,5
8	- - - -	5,5
9	- - - -	0

De là je vis que l'évaporation étoit très conſidérable, & qu'elle n'étoit gueres inférieure à celle du 6 — 10 Août produite par le ſoleil en plein air.

§. 15. Là-deſſus je plaçai ſur le fourneau les verres N°. 2, 3, 5, & l'évaporation ſe trouva être

	J.		H.	1.	2.	3.	4.	5.
1767. Dec.	10	—	8		56,5	33,3		21,0
			0		56,0	32,3		19,5
		+	2$\frac{1}{8}$		54,7	32,0		18,5
		+	9		54,2	31,6		17,2
	11	—	9		53,5	31,0		16,8
			0		52,8	30,3		14,3
			2		51,8	29,4		13,0
			6		51,0	28,5		11,6

12		0		48,6	26,6		8,7	
	+	8		46,2	24,8		5,6	
13	—	9		45,5	23,6		4,6	
		0		45,0	23,2		2,6	
	+	12		42,7	21,3		0	
14	—	9		42,0	21,0			
	+	12		38,0	17,0			
15	—	9		37,5	16,5			
		0		36,4	15,0			
	+	10		35,0	14,0			
16	—	9½		34,2	12,8			
17	—	9		28,8	7,6			
		0		27,2	5,2			
	+	6		25,3	3,3			
18	—	8½		24,0	2,1			
		0		20,6	0		21,6	rempli de nouveau
	+	2½		19,6			19,7	
19	—	9		17,5			17,5	
		0		15,0			14,0	
	+	6		12,0			10,0	
20	—	8½		10,7			9,0	
		0		9,0			6,2	
	+	2		7,2			3,6	
	+	7		6,0			1,5	
21	—	11		0			0	rempli de nouveau
22	—	9		57,8				
		0		55,2				
	+	2		51,8				
	+	8		49,0				

23	—	8		48,0			
		0		46,0			
	+	10		42,7			
24	—	9		42,0			
	+	2		38,6			
	+	9		36,2			
25	—	8		35,7			
		0		32,8			
	+	9		29,0			
26	—	8		27,2			
		0		24,0			
27	—	8		20,0			
		0		17,0			
	+	2		15,0			
28	—	9		12,7			
	+	2		6,6			
	+	8		5,2			
29	—	9		4,5			
		0		0			

§. 16. Ces obſervations confirment aſſez ſenſiblement la loi des ſurfaces. Les petites irrégularités qui s'y obſervent, proviennent non ſeulement de ce qu'il n'étoit pas poſſible de chauffer également, mais de ce que peu à peu il falloit chauffer davantage à cauſe du froid qui alloit en augmentant, de ſorte que le 15 il commença à geler & le 26 le thermometre en plein air baiſſa juſqu'à 8 degrés au deſſous du terme de la glace. L'évaporation en devint plus forte & même d'une façon aſſez réguliere. Je dois encore remarquer que les verres N°. 2. & 5. ſe trouverent placés aſſez également; mais le verre N°. 3. avoit été plus près du mur. Cela fit auſſi qu'il ſe chauffa moins, & que l'évaporation en fut plus lente. Du reſte je ſupprime les lignes courbes que j'ai conſtruites d'après ces obſervations. Elles ſe cour-

 bent

bent assez régulierement, en sorte que, nonobstant les petites inflexions journalieres qui leur donnent une figure serpentante, elles tournent la concavité vers l'axe, ce qui est une marque de l'évaporation accélérée. J'ai par-là appris encore qu'il falloit les répéter d'une façon plus détaillée, & surtout qu'il falloit mettre dans l'eau un thermometre, afin de tenir compte des changemens de chaleur.

§. 17. Pour cet effet je n'employai que le verre N°. 3, que je plaçai tout près de la partie supérieure du fourneau. J'y plongeai un thermometre; j'en avois un autre à côté de la fenêtre du midi, & un troisieme en plein air au Nord. Je marquai encore le tems qu'il faisoit, & l'heure où le fourneau fut chauffé. Ces observations durerent depuis le 2 Janvier jusqu'au 6; le 5 il fallut remplir de nouveau le verre, & le 7 je le remplis encore, en le plaçant un peu plus près du mur. Voici les observations telles que je les ai faites.

1768. Janv.	J.	H.	N°. 3.	Temps	Thermometres dans le verre	dans la chambre	en plein air
	2	— 9½	33,5	*chauffé* - -	0	6	— 13
		— 10	33,7	brouillard -	35		
		— 11	33,1	- - - - -	50		
		+ 0½	31,3	- - - - -	48		
		+ 2	29,7	- - - - -	40	10	
		+ 3,10	28,8	soleil - -	34		
		+ 8,10	27,0	clair - - -	28		
	3	— 9, 0	25,8	*chauffé*, clair	8	3½	— 14
		— 10,10	25,8	- - - - -	28	5¾	
		+ 0,45	23 7	soleil - -	50	8	
		+ 2,10	21,4	clair - - -	43		
		+ 3,55	20 3	- - - - -	35		
		+ 8,45	18,3	- - - - -	18		

ſous, mais auſſi alors le thermometre avoit été de 10 degrés plus haut, & cela explique l'anomalie qui ſe voit là où la courbe va joindre l'axe. Comme, les trois jours précédens, la marche du thermometre étoit à très peu près la même, on voit auſſi que les inflexions de la courbe de l'évaporation ſont très ſemblables. Il s'enſuit donc que la loi des ſurfaces a lieu encore quand l'eau eſt chauffée juſqu'au 50 degré du thermometre de Réaumur. On voit encore combien le degré de chaleur influe ſur la vîteſſe de l'évaporation.

§. 18. Comme dans toutes ces expériences je me ſuis borné à meſurer la hauteur de l'eau, afin de ne point remuer les verres, il eſt clair que cette hauteur a toujours été augmentée par la dilatation produite par la chaleur. Mais l'effet n'influe presqu'en rien ſur le réſultat de ces obſervations. Car l'eau ſe dilate à peine la moitié autant qu'un eſprit de vin médiocre, de ſorte qu'encore que nous ſuppoſions une dilatation de 40 ſur 1000 pour l'intervalle entre la glace & l'eau bouillante, cela ne produiroit qu'une dilatation de 25 ſur 1000 pour les 50 degrés du thermometre, de ſorte que la hauteur de l'eau n'en fut augmentée que d'une $\frac{1}{40}$ partie, tout au plus. Or, comme l'eau ſe chauffa fort vîte, l'effet qui en réſulta fut que, tandis que le fourneau fut chauffé, ou tandis que le thermometre monta, la hauteur de l'eau reſta presque la même, & qu'elle en baiſſa enſuite un peu plus vîte quand le thermometre deſcendit. Mais, l'effet étant très petit, j'en ai fait abſtraction, quoique du reſte il eût été facile de faire la réduction requiſe.

§. 19. Pour ce qui regarde l'obſervation du 6 Janvier, je l'ai repréſentée plus en grand dans la quatrieme Figure. L'abſciſſe eſt diviſée en heures, & la premiere heure de 10 en 10 minutes. Pour les ordonnées on y voit deux échelles, dont la premiere eſt pour le thermometre, la ſeconde pour l'évaporation. La courbe ABC fait voir la marche du thermometre, ou l'échauffement de l'eau. Et la courbe DEF offre l'abaiſſement de ſa ſurface. Je me ſuis ſervi d'une ſemblable figure, mais deſſinée plus en grand, pour comparer la vîteſſe de l'évaporation avec les degrés de chaleur. Pour cet effet il fallut Fig. 4.

 pour

pour chaque ordonnée PH tirer une tangente EG, afin d'en inférer: Comme le tems PG est à EP, ainsi un tems de 24 heures à un quatrieme nombre, qui exprime combien de lignes s'évaporent dans l'intervalle d'un jour lorsque la chaleur de l'eau est pendant tout ce tems = PH. Par ce moyen je trouvai qu'il répond à la

chaleur de		l'évaporation diurne de
61°	. . . . . .	67 lignes
60	. . . . . .	65
49	. . . . . .	39½
35	. . . . . .	17,2
23	. . . . . .	8,7

Ces nombres, avec une légere correction qu'il fallut donner au dernier, forment la courbe de la cinquieme Figure. Les abscisses sont divisées en degrés du thermometre, & les ordonnées en pouces & lignes de l'évaporation répondante. Comme la courbe tourne sa convexité vers l'axe, il s'ensuit que l'évaporation augmente en plus forte raison que les degrés du thermometre.

Fig. 5.

§. 20. Dans ces expériences la chaleur n'alloit que jusqu'au 60 degré, tandis que l'eau bouillante va jusqu'au 80me. Il restoit encore à voir ce qui arriveroit lorsque l'eau bouilliroit excessivement. Pour cet effet je pris un cylindre de fer blanc, d'un diametre de 16 lignes, & de la hauteur de 22 lignes. J'y versai de l'eau bouillante & l'ayant mis sur la braise, pour continuer l'ébullition, je trouvai que dans l'espace de 25 minutes toute l'eau s'étoit évaporée. Le cylindre ayant été rempli à 20 lignes de hauteur, cela donne 48 lignes ou 4 pouces par heure, & partant 96 pouces ou 8 pieds par jour. Cette quantité est très considérable. Mais ce n'est plus la simple évaporation qui la produisit. L'eau bouillonna excessivement, & jetta une infinité de petites gouttes dans l'air, dont une grande partie ne retomba plus dans le cylindre à cause du peu de largeur qu'il avoit. Du reste j'ai déjà observé ci-dessus ce qui arrive dans cette espece d'évaporation

ration violente (§. 4.) & cela fait qu'elle ne sauroit être comparée avec les expériences que je viens de rapporter.

§. 21. Il seroit assez difficile d'assigner *a priori* une équation algébrique, qui satisfît à la courbe qu'offre la cinquieme Figure. Il faudroit pour cet effet mieux connoître la façon dont l'air agit sur l'eau & les forces de cohésion qui s'y opposent dans l'eau même; mais nous pourrons toujours indiquer les symptomes généraux, auxquels cette courbe doit satisfaire. D'abord, on sait que la vertu corrosive ou dissolvante de l'air agit encore sur la glace. Cela fait que le point A, quoiqu'il réponde au terme de congélation, n'est pas le commencement de la courbe, mais que la courbe y coupe l'axe ou la ligne des abscisses sous un angle fini, de sorte que l'abscisse peut encore devenir négative, quoique suivant toute apparence il y ait pour les premiers degrés négatifs quelque petite anomalie. Ensuite, comme la courbe tourne assez uniformément sa convexité vers la ligne des abscisses, il n'est pas douteux que cela ne continue au delà du 60me degré de chaleur, quoiqu'à mesure qu'elle s'approche du 80me degré, les effets de l'évaporation violente (§. 4.) commencent à devenir sensibles & à prédominer enfin. Cela fait donc croître les abscisses encore plus fortement qu'elles ne croissent dans la figure, qui ne s'étend que jusqu'au 60me degré. On peut tirer de cette courbure quelque conclusion relativement aux forces qui agissent dans l'évaporation. Car, comme l'évaporation suit la loi des surfaces, j'en ai déjà inféré ci-dessus que la force active doit être cherchée dans l'air (§. 6.). Cette force agit avec plus de facilité lorsque les forces de cohésion dans l'eau se trouvent diminuées, & il est clair que la chaleur y contribue par la dilatation qu'elle produit. Cette dilatation diminue les forces de cohésion, parce qu'on voit que l'eau est d'autant plus fluide qu'elle est plus chaude. Ensuite elle amplifie les interstices qui se trouvent entre les particules d'eau, & cela donne un accès plus libre aux particules d'air, pour absorber celles de l'eau avec plus de facilité. La courbe fait voir que cet effet va en augmentant. Cependant je ne dirai pas que l'ordonnée qui répond au 80me degré de chaleur, en soit l'asymptote. Car

Car, quelque forte qu'y soit l'évaporation, l'expérience rapportée ci-dessus (§. 20.) montre qu'elle n'est pas instantanée, mais qu'elle a un degré fini de vîtesse. Ensuite on sait que le degré d'ébullition de l'eau dépend de la hauteur du barometre, & que dans la machine de *Papin* on peut lui donner un degré de chaleur considérablement plus grand. On sait encore qu'en jettant de l'eau dans du cuivre fondu, cela produit une espece d'ébullition instantanée & même très dangereuse. Enfin on sait qu'en la jettant sur l'argent fondu, elle y reste en grande partie, & qu'elle ne s'y évapore que fort lentement. Il semble que dans ce cas l'air en est d'abord entierement chassé, & que les particules terrestres de l'eau s'y chauffent jusqu'à s'embraser. Il est donc clair que la courbe de la cinquieme Figure, après avoir passé l'ordonnée du 80me degré, ou en général celui de son ébullition ordinaire, non seulement continue, mais qu'elle y suit des loix qu'il est assez difficile à prévoir. On pourra cependant voir là-dessus un petit, mais excellent, traité de Mr. *Leidenfrost*, imprimé à Duisbourg en 1756, & dédié à l'Académie: *De aquæ communis nonnullis qualitatibus.*

§. 22. Quoique donc la courbe de la cinquieme Figure ne soit pas si facilement déterminée par la théorie, cependant quand il ne s'agit que d'en faire usage, nous pourrons en attendant nous borner à lui substituer une courbe du genre parabolique, qui ne s'en écarte pas sensiblement depuis 0 jusqu'au 60me degré de chaleur, ce qui suffira du moins pour les effets de l'évaporation simple ou non forcée. Voici donc ce que j'ai trouvé. Soit x le degré du thermometre au dessus du point de congélation, y le nombre de lignes d'eau qui s'évaporent dans l'espace de 24 heures, lorsqu'elle a le degré de chaleur x; il sera à très peu près

$$y = \tfrac{2}{15}x + \tfrac{1}{200}x^2 + \tfrac{13}{72000}x^3 + \&c.$$

Ou bien, en comptant les degrés par dixaines, soit $\xi = 10x$, & il sera

$$y = \tfrac{4}{3}\xi + \tfrac{1}{2}\xi^2 + \tfrac{13}{72}\xi^3 + \&c.$$

Com-

Comparons cette formule aux ordonnées de la courbe. Il ſera

x	ξ	ordonnée	calcul
10	1	2	$2 + \frac{1}{72}$
20	2	6	$6 + \frac{1}{9}$
30	3	13	$13 + \frac{3}{8}$
40	4	24	$24 + \frac{8}{9}$
50	5	41	$41 + \frac{53}{72}$
60	6	65	65 .

On voit de là que les différences ſont toutes au deſſous d'une ligne. Mais il y a dans la formule

$$y = \tfrac{4}{3}\xi + \tfrac{1}{2}\xi^2 + \tfrac{13}{72}\xi^3 + \&c.$$

une autre circonſtance qui mérite quelque attention; c'eſt qu'on n'a qu'à en ſouſtraire

$$\tfrac{1}{3}\xi \quad 0 \quad + \tfrac{1}{72}\xi^3$$

pour avoir

$$y' = \xi + \tfrac{1}{2}\xi^2 + \tfrac{1}{6}\xi^3 + \&c.$$

§. 23. Cela m'a fait préſumer qu'il pourroit bien être

$$y = e^{\xi} - 1.$$

J'ai donc cherché à adapter aux ordonnées une équation logarithmique, & j'ai trouvé que la ſuivante

$$\log\left(\frac{3y + 13}{13}\right) = \frac{x}{60}\log 16$$

y ſatisfait à environ une ligne près. Cette formule ſe trouve en mettant pour baſe les ordonnées 0, 13, 65, qui répondent aux abſciſſes équidiſtantes 0, 30, 60. En la comparant aux ordonnées de la figure, on trouve

x	ordonnée y	calcul
0	0	0
10	2	2,54
20	6	6,57
30	13	13
40	24	23,10
50	41	39,33
60	65	65

d'où l'on voit que les différences ſont très petites. En admettant cette formule qui ſe réduit à

$$\log\left(y + \frac{13}{3}\right) = \frac{x}{60}\log 16 + \log\frac{13}{3},$$

on voit qu'il faudra tant ſoit peu abaiſſer l'abſciſſe AB, afin de la faire coïncider avec l'aſymptote de la courbe AC. Enſuite le commencement des abſciſſes A doit être avancé un peu vers la quatrieme Figure ou le devant de la table; ce qui aura lieu en poſant

$$y + \frac{13}{3} = \eta,$$

$$x + \frac{60}{\log 16} \cdot \log\frac{13}{3} = z.$$

On aura par-là

$$\log\eta = \frac{\log 16}{60} \cdot z;$$

ou bien

$$\log\eta = m \cdot z,$$

ce qui donne

$$dy = my\,dz,$$

c'eſt à dire, l'accroiſſement de l'évaporation $d\eta$ eſt en raiſon compoſée du degré de l'évaporation η & de l'accroiſſement de la chaleur dz, ce ce qui veut encore dire qu'en posant $d\omega$ = const. la cause qui accélere l'évaporation est proportionelle à l'évaporation même. Cette loi, qui est très simple, ne doit pas être étendue aux évaporations forcées; car elle n'a été déduite que des évaporations simples, qui se font sans fermentation & sans ébullition violente, mais uniquement par l'action absorbante de l'air, aidée par la chaleur. Elle donne pour le 80me degré de chaleur 170 lignes d'évaporation simple. On voit bien que cela differe beaucoup des 8 pieds que donne l'expérience rapportée au §. 20. J'en ai suffisamment détaillé la raison, de sorte que cette différence n'ôte rien à l'admissibilité de la formule que nous venons de trouver.

§. 24. L'évaporation dépend encore de différentes autres circonstances. D'abord il est fort à présumer que la hauteur du barometre ou le poids de l'atmosphere y influe. Les vapeurs, les brouillards & les nuées montent & descendent assez régulierement avec le barometre. Réciproquement, la chaleur de l'eau bouillante étant plus grande à mesure que le barometre s'éleve d'avantage, il s'ensuit que l'eau bouillante s'évapore plus facilement à mesure que l'air est moins comprimé. Mais, pour déterminer ces effets, il faudroit comparer l'évaporation qui se fait sur les plus hautes montagnes avec celle qui s'observe au niveau de la mer, toutes choses d'ailleurs égales, c'est à dire, même eau, même chaleur, même humidité de l'air &c. On sait aussi que, même dans le vuide, l'eau engendre peu à peu un nouvel air & des vapeurs, quoique cela se fasse fort lentement.

§. 25. Ensuite l'évaporation est moindre à mesure que l'air est plus chargé d'humidité. Et comme les vapeurs ne s'envolent qu'assez lentement de la surface de l'eau, il s'ensuit que l'air voisin est toujours fort humide. Voilà donc une des causes pourquoi le vent accélere l'évaporation, c'est qu'il emporte l'air humide & en amene de plus sec. A cette cause il s'en joint une autre, c'est que le vent donnant sur l'eau, renforce l'action absorbante de l'air. Pour établir là-dessus certaines regles, il faudra commencer par comparer l'évaporation

tion avec le degré d'humidité. Mais, comme les expériences que j'ai faites là-dessus sont encore rélatives aux hygrometres, il convient de commencer par examiner ces instrumens.

§. 26. Je ne donnerai pas ici la description de toutes les especes d'hygrometres qu'on a imaginées. On les trouve dans la plûpart des traités de Physique expérimentale, avec plusieurs remarques sur leurs différens degrés de bonté & de sensibilité. Ceux qu'on fait de sel imbibent l'humidité assez facilement, mais ils ne la relâchent qu'avec peine. Ceux qu'on fait de bois ne paroissent pas être fort durables, surtout si d'abord on y a employé du bois frais; il perd peu à peu la facilité qu'il avoit de gonfler par l'humidité de l'air, quoique peut-être vers la fin il se mette dans quelque état de permanence. J'ai vu des planches de bois de sapin, qui avoient en séchant perdu au delà d'une 30me partie de leur largeur. Mr. *Leutmann* dans son Traité des instrumens météorologiques vante fort les hygrometres faits de cordes de violon, imprégnées de quelque sel alcalin. Il dit que, même après un intervalle de dix ans, il les a trouvées encore de la même bonté & sensibilité. J'ignore de quelle maniere il s'en est assuré, & je crois que le sel ne devoit servir qu'à les rendre plus sensibles. Mais l'expérience m'a fait voir qu'elles le sont assez indépendamment du sel. Il y a plus de 15 ans que j'en ai fait pour des observations météorologiques, sans m'appercevoir qu'elles se soient sensiblement gâtées. Il convient de n'en point employer qui soient huilées, parce que l'huile ne seche qu'avec une lenteur extreme. Mr. *Leutmann* conseille de prendre des cordes fort grosses; ce sera probablement pour qu'elles en soient plus roides & moins sujettes à se courber. Mais on conçoit aisément qu'elles sont plus sensibles à mesure qu'elles sont plus minces. Les hygrometres qu'on fait des éponges ne sont gueres sensibles, à moins qu'on ne les impregne de sel. Ils ont l'avantage d'indiquer le poids de l'humidité. Mais comme ils doivent rester exposés à l'air, on ne sauroit empêcher que peu à peu il n'y tombe de la poussiere, ce qui en augmente le poids sans que l'air en soit d'autant plus humide. Ainsi les cordes faites de boyaux sont toujours préférables. Mais, comme dans tout cela

cela on n'a encore ni des principes théorétiques, ni des expériences faites à dessein, pour voir clair dans cette matiere, il faudra entrer dans un champ qu'on n'a point encore cultivé du tout. Commençons à le défricher.

§. 27. On sait que les cordes faites de boyaux, de chanvre, de lin &c. changent de longueur & qu'elles se tournent suivant les changemens d'humidité. On rapporte des expériences qui font foi du changement de longueur. *Schwenter* dit que les cordes dont il se servoit pour l'arpentage s'étoient raccourcies de la seizieme partie, ou d'un pied sur seize. On raconte encore que, pour achever d'élever l'obélisque de *Sixte-quint*, le Méchanicien *Fontana* se vit obligé de mouiller les cordes pour les raccourcir. Je ne sais pas comment ces cordes étoient faites; car ayant mouillé des cordes de boyau & des ficelles de chanvre, je vis qu'elles se détortilloient, qu'elles gonfloient & que je pouvois, sans y employer beaucoup de force, les allonger considérablement, & que je ne pouvois pas le faire lorsqu'elles étoient seches. *Dalencé*, dans son Traité des barometres &c. dit que les cordes de boyau s'allongent lorsqu'on les mouille; *Wolf*, *Sturm* & plusieurs autres prétendent qu'elles se raccourcissent. Quoi qu'il en soit, l'expérience est facile à faire pour quiconque veut entrer là-dessus dans quelque recherche. Je n'ai pas fait usage de l'allongement des cordes pour mes hygrometres, mais bien de la qualité que les cordes ont de se tordre en avant & en arriere suivant que l'humidité de l'air varie. Elles s'entortillent lorsque l'air est plus sec, & elles se détortillent quand il est plus humide, & la corde n'a pas besoin d'être fort longue pour que ce changement soit sensible. La longueur de 2 ou 3 pouces suffit, au lieu que pour la variation de longueur elle doit être de plusieurs pieds. Voici maintenant, comment mes hygrometres sont faits.

§. 28. A est un cercle de carton appuyé sur trois pieds faits de fil de fer. AB est un fil de fer, tourné en forme de vis, qui porte le cercle FG fait de papier de carte, divisé en heures & minutes ou en degrés & troué au centre C. Par ce trou passe la corde de boyau Planche III. Fig. 12.

boyau AB, affermie en A avec de la cire d'Eſpagne, & portant l'*index* ou l'aiguille DE, qui eſt faite de bois léger. On voit que la vis ſert également pour laiſſer à l'air un accès libre à la corde & pour la ſoutenir dans une direction droite & verticale. L'uſage des pieds de fil d'archal paroîtra dans la deſcription des expériences. J'ai employé trois hygrometres faits ſur le pied que je viens de dire, & trois autres où la corde paſſe par une caiſſe parallélipipede, ouverte par en bas, comme ſi c'étoit l'axe d'une aiguille d'horloge. Auſſi dans ces trois derniers le cercle eſt diviſé en heures comme dans les horloges, & les heures ſont ſubdiviſées de 5 en 5 minutes. La façon dont les cordes ſont tordues fait que, dans le tems ſec, l'aiguille tourne ſuivant l'ordre des heures, au lieu que dans le tems humide elle tourne en ſens contraire. Les trois premiers hygrometres ſont diviſés en degrés, mais en ſens contraire, de ſorte qu'ils indiquent en croiſſant les degrés de l'humidité ou ſon accroiſſement. Les cordes ſont de boyau, mais de différente groſſeur. Je déſignerai, pour éviter toute confuſion, les trois hygrometres faits en forme d'horloge par les lettres A, B, C, & les trois autres faits de la façon décrite dans la 12me Figure par les lettres D, E, F. Les hygrometres B, D, E ſont faits d'une corde plus groſſe, & les hygrometres A, C, F d'une corde plus mince. Or il s'agiſſoit d'en connoître les diametres. Je m'y pris de trois façons différentes. D'abord je coupai de la corde mince la longueur de 3 pieds ou 36 pouces, meſure de Paris, & j'en trouvai le poids de 9½ grains, poids de Berlin. Je coupai pareillement 18 pouces de la groſſe corde, & j'en trouvai le poids de 12 grains, ce qui pour 36 pouces donne 24 grains. Suppoſant donc la gravité ſpécifique des deux cordes égale, il s'enſuit que les quarrés des diametres ſont comme 2 à 5, ce qui donne les diametres comme 11 à 7, ou plus exactement comme 19 à 12. Enſuite je les meſurai moyennant une loupe & une des échelles de verre faites par Mr. *Brander*, célebre Méchanicien à Augsbourg. Sur cette échelle la ligne du pied de Paris ſe trouve diviſée en dix parties avec une délicateſſe & une exactitude ſurprenantes. Moyennant cela, je trouvai le diametre de la groſſe corde de de $\frac{6}{10}$ lignes exactement, & celui de la mince de $\frac{38}{100}$ lignés. Le rapport est $=$ 30: 19 $=$ 19: 12$\frac{1}{30}$, ce qui ne differe presque point du tout du premier rapport. Enfin je pris un cheveu dont l'épaisseur étoit à peine $\frac{1}{30}$ de ligne, de la longueur de 13$\frac{1}{2}$ pouces, & je vis que ce cheveu tourné autour de la grosse corde avoit la longueur de 85 circonférences, mais tourné autour de la petite corde, il avoit la longueur de 135 circonférences. Ce rapport est $=$ 27: 17 $=$ 19: 11$\frac{26}{27}$, & partant encore très peu différent du premier, qui tient même le milieu entre les deux dernieres mesures. J'établirai donc le rapport des diametres comme 19 à 12. La derniere mesure donne encore le diametre de la grosse corde $=$ 0,607 lignes & celui de la mince $=$ 0,383, ce qui ne differe que d'une $\frac{1}{90}$ & d'une $\frac{1}{124}$ partie de la mesure faite moyennant l'échelle & la loupe, de sorte que la grosse corde peut être considérée comme ayant un diametre de $\frac{6}{10}$ de ligne, & la mince de $\frac{38}{100}$. Enfin il reste encore à indiquer la longueur des cordes employées dans les six hygrometres, & nommément la longueur de la partie exposée à l'air. Car on conçoit bien que, pour affermir la corde en A & en H avec de la cire d'Espagne, il falloit la ficher en A dans le carton & en H dans le bois de l'aiguille, & que la partie qui entroit dans le carton & dans l'aiguille avec de la cire d'Espagne fondue, ne pouvoit plus produire aucun effet rélativement à l'humidité. Voici les longueurs en lignes du pied de Paris.

Hygrometre	longueur	corde	construction
A . . .	12''' . . .	mince	
B . . .	14 . . .	grosse	en forme d'horloge
C . . .	23 . . .	grosse	
D . . .	18 . . .	mince	
E . . .	18 . . .	grosse	dans la forme de la 12me Figure
F . . .	33$\frac{1}{8}$ . . .	mince	

Voilà donc ce qu'il falloit dire d'avance, afin d'être ensuite & plus clair & plus bref. Considérons maintenant un peu les cordes & leur structure.

Planche II. Fig. 13.

§. 29. On ſait qu'on les fait de boyaux vuidés & lavés. Les boyaux, enflés d'air, forment des cylindres qui ſe tournent en ſpirales; & non enflés, on peut les applatir en ſorte qu'ils forment une longue bande, dont les bords ſont paralleles. C'eſt dans cette poſition que ces boyaux bien mouillés doivent être tordus pour former des cordes bien faites. Mais en les tordant les bandes commencent à ſe plier longitudinalement, & cela aide à remplir le creux qui reſteroit au milieu de la corde, comme cela arrive lorsqu'on enveloppe un fil de fer cylindrique avec une bande de papier en forme de vis ſans fin, ce qui eſt faiſable ſans que le papier prenne des plis. J'ai deſſiné dans la 13me Figure une corde en profil. On y voit l'axe AB marqué par une ligne ponctuée. On y voit encore les jointures des bords de la bande & les filamens longitudinaux plus comprimés que les autres. Ces jointures peintes en profil repréſentent une ligne courbe, qui eſt celle des ſinus, ainſi appellée par *Leibnitz*, parce qu'en prenant ſur l'axe les arcs, les ordonnées repréſentent les ſinus répondans. Dans mes cordes ces courbes ainſi projettées coupent l'axe ſous un angle de 45 degrés. J'ignore s'il en eſt de même dans toutes les cordes; car cela dépend du plus ou moins de tours qu'on donne à la roue pour les tordre. Les cordes de chanvre ou de lin different à cet égard conſidérablement, ſurtout celles qui ſont faites de deux ou trois fils tordus ſéparément. L'angle conſtant de 45 degrés fait que lorsqu'on conçoit la ſurface de la corde étendue en plan, les jointures repréſentent des lignes droites FG, EH. Et le point G étant la continuation de E, la droite EG eſt perpendiculaire à HG & $=$ HG. Cela a lieu lorsque la corde eſt faite d'un ſeul boyau. Mais, comme pour des cordes plus groſſes on emploie plus d'un boyau, alors le nombre des jointures ſe double, en ſorte qu'entre HE, GF, il y en a encore une, deux, trois &c. autres. Or, comme dans le cas d'un ſeul boyau, GI marque la largeur du boyau, on voit aiſément combien les fibres longitudinales ont dû être reſſerrées, pour être réduites à une ſi petite largeur. Ce cas exiſte dans la corde mince de mes hygrometres; elle n'eſt faite que d'un boyau. Le diametre de cette corde étant $=$ 0, 6 lignes, on en trouve

trouve la circonférence EG $= \frac{13,2}{7}$ lignes, ce qui donne GI $= \frac{13,2}{7} \cdot \sqrt{\frac{1}{2}} = \frac{4}{3}$ lignes. Il eſt clair que la largeur du boyau a été pluſieurs fois plus grande. Il eſt clair auſſi, que, pour reſſerrer les fibres longitudinales, elles ont dû être conſidérablement allongées. Mais, quoi-qu'il en ſoit, la longueur qu'elles ont obtenue, eſt la ſomme de toutes les droites GF, HE, dont chacune pour la corde mince eſt de $\frac{8}{3}$ lignes.

§. 30. Or on ſait que la corde gonfle à meſure qu'on la mouille davantage. Il eſt clair auſſi que, ſi cela arrivoit également en tout ſens, la corde ne tourneroit pas. Mais, comme elle tourne en ſe détortillant, il faut que les fibres gonflent davantage en largeur qu'elles ne gonflent en longueur, c'eſt à dire, davantage ſuivant la direction GI que ſuivant la direction GF. Nous pouvons même ſuppoſer que ce dernier effet eſt imperceptible en comparaiſon du premier. Et comme par l'humidité le diametre de la corde augmente, & que l'angle EHG reſte très ſenſiblement le même, il eſt clair que c'eſt tout comme ſi on tournoit un même fil en forme de vis autour d'un cylindre plus grand. Le nombre des tours qu'on lui fera faire ſera en raiſon réciproque des diametres. Or, comme pour la corde mince nous venons de trouver EG $= \frac{13,2}{7}$ lignes $=$ HI, il eſt clair que pour 70 tours il y faut une corde de 132 lignes ou 11 pouces de longueur. L'Hygrometre A n'ayant que 12 lignes de longueur, il n'a non plus que $6\frac{4}{11}$ tours. Mais du tems le plus humide au tems le plus ſec je l'ai vu faire $\frac{3}{4}$ tour, ce qui étant la $\frac{2}{17}$ partie des $6\frac{4}{11}$ tours, il s'enſuit que l'augmentation du diametre peut aller depuis 15 à 17, ce qui veut dire depuis 0,383 à 0,434 lignes. En mouillant la corde mince, j'en vis groſſir le diametre juſqu'à 0,5 lignes.

§. 31. Si d'une même corde on fait des hygrometres de différentes longueurs, alors les variations de ces hygrometres répondantes à une même variation de l'humidité, sont en raison des longueurs des cordes. Car, comme chaque tour GF, HE &c. y contribue également, il est clair que les variations seront en raison du nombre de ces tours. Mais le nombre de ces tours est en raison de la longueur de la corde. Donc &c.

§. 32. La vîtesse avec laquelle les aiguilles tournent, croît également en raison de la longueur des cordes; car cette vîtesse est la somme des vîtesses qui sont dues à chaque tour GF, HE &c.

§. 33. Si les cordes ne sont pas de la même grosseur, quoique de la même longueur, les variations des hygrometres seront en raison réciproque des diametres; car les tours seront également en raison réciproque des diametres.

§. 34. Dans le même cas, les vîtesses des variations seront également en raison réciproque des diametres; car l'humidité n'entre que par les surfaces des cordes, tandis qu'elle doit se distribuer par tout leur volume. Donc la vîtesse avec laquelle cela se fait est en raison des surfaces divisées par le volume, & partant en raison des diametres divisés par les quarrés des diametres, c'est à dire, en raison réciproque des diametres. Delà il suit que les tems dans lesquels les aiguilles parcourent un même nombre de degrés, sont en raison réciproque des diametres. Il convient d'observer qu'en tout cela on suppose des cordes d'une même structure & qualité, quoique différentes en grosseur.

§. 35. Ces propositions méritent bien d'être examinées par des expériences. Il s'agit d'abord de voir, si des hygrometres dont les cordes sont de différente longueur & grosseur, ont une marche sensiblement analogue & conforme à ce que je viens de dire. Pour
Planche II. faire voir cela comme d'un coup d'œil, j'ai dessiné dans la septieme Fi-
Fig. 7. gure la marche des trois hygrometres A, B, C, observée depuis le 22 Octobre jusqu'au 7 Novembre 1768. Les jours se trouvent marqués

qués sur la ligne des abscisses, & au commencement il y a l'échelle pour les ordonnées, dont les nombres expriment les heures des cadrans, c'est à dire, des angles de 30 en 30 degrés. Les courbes A, B, C, marquent la marche des hygrometres désignés ci-dessus par les mêmes lettres. Ces hygrometres se trouvoient suspendus à un même mur à côté l'un de l'autre entre deux fenêtres qui font face au Midi, de sorte que le soleil ne pouvoit jamais y donner, & qu'ils étoient également à l'abri du vent, quoique du reste les fenêtres ne fussent ouvertes que très rarement, que la chambre ne fût point chauffée, & que personne n'y demeurât; je n'y entrois que de tems en tems pour observer ces instrumens ou pour d'autres occupations de peu de durée. Ces courbes font voir sans peine qu'elles gardent un certain parallélisme, en ce qu'elles s'approchent & s'éloignent de la ligne des abscisses en même tems & d'une façon fort semblable. J'ai choisi les observations de cette saison, parce qu'on sait qu'à l'approche de l'hyver les variations de l'humidité sont fort considérables. Aussi voit-on qu'elles furent presque journalieres en ce que ces courbes haussent & baissent considérablement. Le 28 Octobre & le 4 Novembre j'ouvris la fenêtre, afin de laisser l'entrée libre à l'humidité de l'air extérieur, qui fut alors très sensible, & surtout le 4 Novembre, où la pluie étoit encore plus forte & la rue embourbée. Deux jours après tout cela sécha, & les hygrometres avancerent presque à vue d'œil vers les degrés extremes de sécheresse, pendant un tems fort clair. La variation fut pour l'hygrometre

	A	B	C
4 Nov. à 9 h. du soir . . .	IV: 50 . . .	IX: 30 . . .	IX: 0
7 Nov. à 4 h. du soir . . .	XII: 25 . . .	I: 42 . . .	III: 25
Donc la variation	V: 35 . . .	IV: 12 . . .	VI: 25
Ce qui fait en degrés . . .	167½ . . .	126 . . .	192½

§. 36

§. 36. Or il eſt pour les hygrometres

	A	B	C
la longueur des cordes	12	14	23
le rapport des diametres	12	19	19
Diviſant donc la longueur par les diametres, il ſera	1,00	0,74	1,21

§. 37. Ces nombres doivent, du moins à très peu près, être en raiſon des variations obſervées . . . $167\frac{1}{2}$ . . . 126 . . . $192\frac{1}{2}$.
Or il eſt

$$167\tfrac{1}{2} : 100 = 126 : 75\tfrac{1}{5}$$

ce qui s'accorde aſſez bien avec 0,74.
Enſuite il eſt

$$167\tfrac{1}{2} : 100 = 192\tfrac{1}{2} : 115,$$

ce qui differe davantage de 121. La différence, quoiqu'encore aſſez petite, peut très bien provenir de la différente poſition des inſtrumens & ſurtout de la différente vîteſſe avec laquelle les aiguilles tournoient. Car il eſt très poſſible que l'air extérieur ait changé d'humidité, avant que l'hygrometre ait pu ſe tourner conformément à celle qu'il avoit. Il ſe peut auſſi que quoique j'aye obſervé les hygrometres plus d'une fois par jour, je n'aye pas attrapé le moment où chacun d'eux étoit le plus avancé ou le plus reculé. Mais cette derniere circonſtance ſe compenſe en prenant la ſomme des variations principales, qui eſt pour l'hygrometre

	A	B	C
de degrés	668	517	752

§. 38. Ces nombres ſont

en raiſon de	1,00	0,77	1,13
au lieu de	1,00	0,74	1,21.

Il ſemble donc qu'il y avoit quelque petite différence dans les cordes. Cependant ces obſervations confirment ſuffiſamment, & même plus que je ne l'ai prétendu, qu'en effet la groſſeur des cordes les rend moins

moins ſenſibles. Car la corde B eſt de deux lignes plus longue que la corde A, & néanmoins elle varie beaucoup moins. Les variations des cordes A, C, ſont presque égales; cependant la corde C eſt presque deux fois plus longue que la corde A.

§. 39. Du reſte la correſpondance de ces hygrometres reſta aſſez ſenſible. C'eſt ainſi p. ex. que le 17 Novembre ils indiquoient

A	B	C
X: o	XII: o	I: o

& je les retrouvai ſur ces degrés le 19, 20, 22 Nov. le 3, 4, 11, 24 Dec. le 1, 3, 10, 23 Janv.

§. 40. Il reſtoit encore à ſoumettre mes hygrometres à d'autres examens, qui devoient aboutir à en faire connoître le langage & les loix de leurs variations. On voit bien qu'il étoit queſtion d'un ſec abſolu & d'une humidité abſolue, ou du moins connoiſſables. Quant au ſec abſolu, il eſt clair qu'on le trouve ſous la cloche d'une machine pneumatique en vuidant l'air & même à repriſe. La queſtion étoit, ſi en mettant l'hygrometre, même mouillé de propos délibéré, ſous la cloche, l'évacuation de l'air y produiroit quelque effet ſenſible. Mais, d'après les expériences que Mr. Gerhard a faites là-deſſus à ma requiſition, l'hygrometre dans le vuide ceſſa de ſubir aucune variation, même pendant pluſieurs jours, de ſorte qu'il n'y avoit rien à trouver par ce moyen-là. Et comme il ne convenoit pas d'expoſer l'hygrometre à côté d'un feu ou de la braiſe, parce que la corde y eût ſouffert des changemens trop violens & probablement auſſi des effets de la grande chaleur, il valoit mieux ſe déſiſter de l'expérience.

§. 41. Je pris donc le verre No. 3. (§. 7.) & y ayant verſé de l'eau à la hauteur d'environ ½ pouce, j'y plaçai l'hygrometre D. Je couvris tout de ſuite le verre avec un verre plan du même diametre, & je bouchai les jointures avec de la cire molle, afin d'empêcher toute communication avec l'air extérieur. Ce procédé ſe fonde ſur ce que je ſavois par d'autres obſervations faites incidemment, que l'eau continue de s'évaporer lors même qu'elle ſe trouve enfermée

N 3 dans

dans quelque bouteille bien bouchée. Je le savois encore par ce qu'ayant un jour fait un thermometre à eau, la surface de l'eau dans le tuyau baissa peu à peu, & qu'au haut du tuyau, quoique fermé hermétiquement, il s'attacha de petites gouttes d'eau qui grossirent peu à peu. Aussi le succès répondit à l'attente, en ce que l'hygrometre commença à tourner visiblement vers les degrés d'humidité, & même dès le premier instant, de sorte qu'on peut en inférer que dès le premier instant l'air dans le verre se chargea de vapeurs. Cette expérience fut faite le 7 Novembre 1768, à commencer du matin à 8 heures 23 minutes, peu de tems après que le feu eut été mis au fourneau. Le thermometre varia jusqu'après midi de 11 à 14 degrés au dessus du tempéré. Voici maintenant la marche de l'hygrometre comparée avec le tems exprimé en minutes.

tems minutes	Hygrom. degrés	tems minutes	Hygrom. degrés
0	0	212	269
7	10	225	288
10	15	288	323
16	28	315	335
21	42	435	385
28	60	497	412
38	87	585	452
45	104	645	462
60	132	705	476
75	155	798	495
90	176	855	502
105	194	1440	540
138	226		

On voit par cette table que, généralement parlant, le mouvement de l'hygrometre se rallentit. Car en 1440 minutes ou 24 heures il parvint à peine au double de ce qu'il étoit en 212 minutes ou 3½ heures. Mais le commencement de sa marche a d'abord été accéléré, comme on le voit dans la neuvieme Figure, que j'ai construite pour la premie-

re

re demi-heure. L'abscisse AB y est divisée en minutes, & les ordonnées sont prises sur l'échelle BD. On voit que la courbe AC tourne d'abord sa convexité vers AB, mais qu'elle s'approche bien vîte de son point d'inflexion contraire. Elle doit avoir AB pour tangente en A, parce que, quelque vîte que l'air se charge de vapeurs, cela commence par zéro, & que par là l'hygrometre doit d'abord tourner infiniment peu. Mais la Figure fait voir que la courbure en A change avec une extrême vîtesse, & que l'air dès la premiere minute doit déjà être considérablement chargé de vapeurs.

§. 42. Je répétai cette expérience avec le même verre & le même hygrometre le 10, & le 13 Nov. je la fis avec l'hygrometre E, afin de comparer la vîtesse de leur marche. Voici d'abord l'observation faite avec l'hygrometre D; elle commença le 10 Nov. à 7 heures 40 min. du matin, pendant qu'on chauffoit la chambre, l'hygrometre étant sur 41 degrés.

tems minut.	Hygr. D degrés	tems minut.	Hygr. D degrés	tems minut.	Hygr. D degrés
0	0	20	40	155	199
1	1	25	51	180	209
2	$2\frac{1}{2}$	30	61	225	233
3	$4\frac{1}{2}$	35	72	253	247
4	6	40	82	275	259
5	$8\frac{1}{2}$	43	86	300	270
6	$10\frac{1}{2}$	45	920	325	277
7	12	58	115	370	92
8	14	60	119	395	304
9	16	75	142	580	395
10	$17\frac{1}{2}$	85	156	640	400
11	21	95	168	735	415
12	$22\frac{1}{2}$	115	182	750	421
13	[illegible]	120	185	805	441
14	26	130	191	880	457
15	28	135	193	915	461
18	36	145	197	1460	506

On

On voit donc qu'ici la marche de l'hygrometre fut plus lente d'environ une $\frac{1}{14}$ ou $\frac{1}{13}$ partie, ce qu'il faut attribuer à la chaleur, qui peut avoir été ici un peu plus grande. Car j'ai remarqué encore dans d'autres expériences, que la chaleur diminue l'huméfaction de l'hygrometre.

§. 43. Voici maintenant l'expérience faite avec l'hygrometre E. Elle commença le 13 Novembre à 8 heures 25 minutes du matin.

tems minut.	Hygr. E degrés	tems minut.	Hygr. E degrés	tems minut	Hygr. E degrés
0	0	44	58	250	179
1	$\frac{1}{2}$	50	66	290	191
2	2	55	70	325	204
3	4	62	80	355	216
4	6	67	86	380	227
5	8	71	95	450	252
8	12	80	98	465	257
9	13	85	102	485	264
14	18	95	111	515	275
55	20	105	118	540	279
17	22	115	123	610	299
21	28	130	130	685	316
27	33	155	143	720	328
29	37	170	148	1135	396
31	39	180	153	1395	435
35	46	195	158		
40	52	220	167		

On voit donc qu'ici la marche étoit plus lente que celle de l'hygrometre D dans l'observation précédente.

§. 44

§. 44. Mais, pour comparer plus aisément ces deux expériences, je les ai construites dans la huitieme Figure. La ligne des abscisses est divisée en heures, & l'ordonnée AC en degrés. La courbe AD marque la marche de l'hygrometre D, & la courbe AB celle de l'hygrometre E. Les droites GFE sont paralleles à AB, & les parties GF, GE, sont en raison du tems que les hygrometres employoient pour parcourir un nombre égal de degrés. J'y ai marqué ces rapports. On voit qu'ils ne different presque en rien, & qu'on peut établir qu'ils étoient comme 100 à 57. Or, les hygrometres D, E étant de même longueur (§. 28.), le théoreme veut que ce rapport soit en raison réciproque des diametres (§. 34.) & partant en raison de 19 à 12 (§. 28). Or il est Fig. 8.

$$100 : 57 = 19 : 10,8$$

ce qui est moins que 12 d'une 15me partie. Mais, en comparant la table du §. 43. avec celle du §. 41, où la marche de l'hygrometre D étoit plus vîte d'une 1/3 partie, le rapport se trouve être exact. J'ai déjà observé que ces petites différences viennent de ce que la chambre n'étoit pas également chauffée. Les expériences que je rapporterai ci-après feront voir plus évidemment, que la chaleur diminue assez considérablement l'humidité, soit qu'elle aide à sécher la corde de l'hygrometre, soit qu'elle fasse aller les vapeurs vers la surface du verre. Ce qui est très visible, c'est qu'après un intervalle d'environ huit heures, surtout lorsque l'air de la chambre commence à se refroidir, on voit d'assez grosses gouttes d'eau s'attacher tant aux côtés du verre qu'au couvercle. Cela forme une espece de distillation assez lente, dont peut-être on pourroit tirer parti dans la Chymie; elle a l'avantage de ne point être violente, parce que la simple variation de la chaleur de la chambre la produit.

§. 45. J'ai répété la même expérience avec l'hygrometre D le 8 Novembre, en commençant à 3 heures 47 minutes après midi, l'hyl'hygrometre étant sur 36 degrés. La marche de l'aiguille fut comme suit.

tems minutes	hygr. D degrés	tems minutes	hygr. D degrés
0	0	217	244
9	19	253	267
23	46	319	298
36	71	344	309
50	98	373	322
63	120	395	332
76	136	914	482
91	153	974	484
129	187	1100	489
151	205	1215	490
189	227		

Comme la chambre ne fut chauffée que le matin, & qu'elle se refroidit depuis l'après-midi, cela devoit accélérer d'abord la marche de l'hygrometre. Mais, comme l'observation dura jusqu'au midi du lendemain, on voit aussi que l'échauffement de la chambre en rallentit la marche dans les quatre dernieres observations.

§. 46. J'avois fait ces expériences afin d'observer l'hygrométre dans un air aussi rempli de vapeurs qu'il pouvoit l'être, & il faut bien qu'il l'ait été, puis que les vapeurs commençoient à s'attacher au verre. Il étoit donc question de voir, si dans un tems p. ex. de 24 heures, le même hygrometre parcourroit un même nombre de degrés. Ces observations font voir que cela arrive à une $\frac{1}{11}$ partie près.

§. 47. Il restoit encore à voir jusqu'où l'hygrometre tourneroit en le laissant dans le verre plusieurs jours de suite. C'est ce que je fis le 19 Janvier 1769, avec le même hygrometre D, qui se trouva alors

alors sur 310 degrés, de sorte que l'air de la chambre fut encore plus sec que dans les expériences des §. 42. & 45. L'observation commença à 9 heures 16 min. du matin, l'hygrometre étant sur 310 degrés. La marche fut comme suit.

tems minutes	hygr. D degrés	tems minutes	hygr. D degrés	tems minutes	hygr. D degrés
0	0	1484	502 ☉	3682	737
9	19	1588	500	4209	755
32	56	1766	501	4452	763
49	96	1876	521	4639	766
166	205	2016	532	4912	780
220	228	2146	561	5328	792
324	270	2203	605	5784	800
514	352	2251	620	6064	812
560	364	2789	710	6499	820
589	371	2969	722 ☉	6641	822
656	384	3044	722	7100	840
816	410	3199	727		
1366	485	3504	734		

On voit qu'encore dans cette expérience l'hygrometre tournoit d'environ 500 degrés en 24 heures. Et comme, les jours suivans, l'humidité y avoit moins de prise, la variation de la chaleur s'y rendit encore plus sensible; car ordinairement, depuis les 9 ou 10 heures jusques vers le midi, l'hygrometre ne varioit plus, ou il rétrogradoit même, comme cela se voit dans la table où j'ai marqué un ☉. La marche du second jour ne fut plus que d'environ 200 degrés, & le troisieme jour elle se réduisit à 45, comme encore les jours suivans. Il semble qu'il y ait là quelque chose d'asymptotique.

§. 48. Le 24 Janvier, à 8½ heures du matin, j'ouvris le verre pour remettre l'hygrometre à l'air. La corde se trouva si mouillée qu'elle avoit perdu presque toute son élasticité. Je la mesurai moyennant la loupe & l'échelle de verre de Mr. *Brander* (§. 28.), & j'en trouvai le diametre tant soit peu plus grand que 0,5 lignes. Son diametre à l'air étant de 0,38 lignes, on voit qu'elle étoit fort gonflée. Cela convient assez bien avec le nombre de degrés qu'elle a parcourus. Car, comme dans la corde mince il faut 132 lignes pour 70 tours (§. 29.), & que la corde de l'hygrometre est de 18 lignes (§. 28.), nous aurons

$$132 : 70 = 18 : 9\tfrac{6}{11}.$$

Ainsi la corde dans l'air sec a $9\frac{6}{11}$ tours, ce qui étant multiplié par 360, donne 3436 degrés. Or de ces 3436 degrés il faut soustraire les 840 degrés dont elle s'est détortillée dans le verre, & il reste 2596 degrés, ou $7\frac{1}{9}\frac{6}{0}$ tours, qu'elle avoit encore dans son dernier état d'humidité. Mais le gonflement étant en raison réciproque du nombre de tours ou de degrés (§. 30.), nous aurons

$$2596 : 3436 = 0{,}38 : 0{,}5003;$$

donc le diametre de la corde étoit gonflé jusqu'à être de 0,5 lignes, comme l'observation le donne.

§. 49. Mais, pour voir un peu mieux la marche de l'hygrometre dans cette expérience, j'ai dessiné d'après les nombres de la table du §. 47. la quatorzieme Figure. La ligne des abscisses AB y est divisée en jours & en minutes, & l'ordonnée AC en degrés. Sur ces échelles est construite la courbe ADFG, pointée depuis H, où elle commence à avoir des inflexions anomales, qui proviennent de la variation de la chaleur. Elle doit bien en avoir encore une entre AH vers le midi du premier jour, mais cette inflexion est moins sensible, tant parce que ce jour la grande vîtesse du mouvement de l'aiguille la rend moins perceptible, que parce que l'air n'étoit point encore si chargé de vapeurs que le jour suivant. J'ai remarqué que, nonobstant ces inflexions anomales, on pouvoit tirer la courbe AHEFG, en sorte que sa courbure fût très uniforme

Planche III. Fig. 14.

me & exemte de ces inflexions en ſens contraire; & il n'eſt pas douteux que cette courbe ne repréſente la marche de l'aiguille pour le cas où on ſuppoſe la chaleur conſtante. De la façon qu'elle eſt deſſinée dans la Figure, elle paroit avoir l'ordonnée AC pour tangente initiale. Mais cela n'eſt pas; car j'ai fait voir ci-deſſus (§. 41.) que ſa tangente initiale eſt la droite AB, & qu'il y a tout près du commencement A un point d'inflexion contraire, qui fait que cette courbe, après avoir d'abord tourné vers AB ſa convexité, oppoſe enſuite à cette droite ſa concavité.

§. 50. Ces ſymptomes viennent des deux cauſes qui produiſent le mouvement de l'aiguille de l'hygrometre. La premiere de ces cauſes eſt l'évaporation. Cette cauſe agit ſi promptement que, dès la premiere minute, l'air dans le verre eſt déjà très chargé de vapeurs (§. 41.). Or, ſi cela arrivoit dès le premier inſtant, la courbe AEFG tourneroit partout ſa concavité vers AB, parce qu'alors il n'y auroit que la ſeconde cauſe qui eſt l'huméfaction de la corde. Cette cauſe agit beaucoup plus lentement & d'une façon purement rélative, puiſqu'elle eſt comme une fonction de la différence entre l'humidité de l'air & celle de la corde. Car on conçoit que, ſi l'une & l'autre eſt égale, l'hygrometre ne ſubira plus de variation, puiſqu'alors la différence eſt = o. A cette cauſe il s'en joint encore une autre, c'eſt que l'évaporation diminue à meſure que l'air eſt déjà rempli de vapeurs. Nous verrons dans la ſuite que cette cauſe influe extremement ſur la courbure de la courbe AEG. Car, ayant remis l'hygrometre à l'air, qui garda ſenſiblement un même degré de ſécheresſe, je vis qu'en moins de 4 heures la corde ſe retrouvoit dans l'état où elle avoit été avant l'expérience, tandisque dans le verre elle avoit mis cinq jours pour acquérir le degré d'humidité qu'elle a acquiſe.

§. 51. Il convenoit encore de changer de verre. C'eſt ce que je fis le 25 Janvier 1769. Je verſai un peu d'eau dans le verre N°. 2. (§ 4). J'y plaçai l'hygrometre D; l'ayant couvert & en ayant bien bouché les jointures, j'obſervai la marche de l'hygrometre, à commencer

mencer depuis les 9 heures 33 minutes du matin, l'hygrometre étant alors sur le 194me degré, & par conséquent fort sec.

tems min.	hygr. D degrés	tems minut.	hygr. D degrés	tems minutes	hygr. D degrés
0	0	115	171	324	263
2	5	120	175	362	269
4	11	133	181	374	270
6	15	141	185	420	278
7	17	162	193	490	292
12	31	173	198	547	301
20	50	187	203	587	308
27	68	203	210	660	311
32	79	224	218	867	338
37	88	238	224	1320	382
43	100	246	226	1380	386
47	106	256	231	1620	360
52	115	273	236	2100	388
66	133	289	244	2760	402
92	156	304	254		
99	162	319	259		

Comme dans cette expérience l'hygrometre avoit été de 116 degrés plus sec que dans l'expérience précédente, il n'est pas étonnant que sa marche fût d'abord plus accélérée; aussi est-ce à la 52me minute qu'il faut commencer, si on veut comparer cette table avec la précédente, & depuis là la marche a été beaucoup plus lente. Car, depuis la 52me minute jusqu'à la 1380, l'aiguille n'avança que de 115 jusqu'à 386 degrés, ce qui en 1328 minutes ne fait que 271 degrés, au lieu que dans l'expérience précédente elle parcourut dans un même tems jusqu'à 482 degrés. Ces nombres 482 & 271 sont à très peu près en raison réciproque du volume d'air renfermé dans les verres N°. 2, & N°. 3, employés dans ces expériences. C'est aussi ce qui doit être. Car la surface de de l'eau dans les deux verres ayant été à très peu près égale, il devoit s'évaporer une même quantité d'eau en un même tems. Mais dans le verre N°. 2. cette quantité d'eau se distribuoit dans un plus grand volume d'air, que dans le verre N°. 3. Ainsi l'humidité devoit être en raison réciproque des volumes d'air, & partant (§. 7.) en raison de 24½ à 14½, ou de 49 à 29. Cette marche presque deux fois plus lente fit aussi que la chaleur y produisit un effet encore plus sensible, en ce que le second jour vers le midi l'aiguille rétrograda de 26 degrés.

§. 52. Voyons maintenant de quelle maniere l'aiguille rebroussa chemin, lorsque je remis l'hygrometre à l'air pour laisser sécher la corde, ou pour la laisser se remettre dans son état naturel ou conforme à l'état de l'air libre. C'est ce que je fis le 9 Nov. 1768, d'abord après avoir retiré l'hygrometre D du verre après l'expérience rapportée au §. 45. L'aiguille se trouva sur le degré 172, à 34 minutes après midi. Sa marche rétrograde fut comme suit.

tems min.	hygr. D degrés	tems min.	hygr. D degrés	tems minut.	hygr. D degrés
0	0	34	270	93	433
6	33	36	295	111	455
8	51	40	307	126	466
10	70	41	312	141	473
11	76	43	320	150	475
15	109	45	329	180	478
16	120	48	340	210	478
18	137	50	347	256	479
19	148	52	353	300	483
21	169	55	362	334	486
25	205	58	370	362	489
27	212	60	376	408	491
28	229	65	390	451	493
30	243	71	403	556	494
31	250	81	421	680	495

De

De cette maniere l'hygrometre retourna, à 5 degrés près, dans l'état où il avoit été le 8 Novembre avant que je l'eusse mis dans le verre. J'ai dessiné sa marche dans la dixieme Figure, en employant les mêmes échelles que dans la huitieme (§. 44.). De cette maniere on voit d'un coup d'œil combien il séchoit plus vîte dans l'air, qu'il ne devenoit humide dans le verre, où sa marche suivoit la courbe AFD (Fig. 8.) tandis qu'en séchant, sa marche fut ABD (Fig. 10.) bien plus précipitée. Ce n'est pas que la corde seche plus facilement qu'elle ne s'humecte à circonstances égales. Mais les circonstances n'étoient point égales, puisque dans le verre l'air n'acquit son dernier degré d'humidité que peu à peu. Or, quoique la courbe ABD paroisse avoir deux asymptotes & qu'elle n'offre point d'inflexion en sens contraire, il faut néanmoins observer que c'est uniquement parce que la corde n'avoit pas été assez humide. C'est ce que d'autres expériences m'ont fait voir.

Planche II. Fig. 10.

§. 53. Car ayant, après l'expérience du 10 Novembre (§. 42.) laissé l'hygrometre dans le verre jusqu'au 13 Novembre, je vis qu'il avoit fait depuis le 41 degré deux tours entiers jusqu'au 29 degré. Je le mis donc à l'air pour en observer la marche rétrograde, qui fut comme suit, à commencer depuis les 8 h. 15 m. du matin du 13 Novembre.

tems

tems minut.	hygr. D degrés	tems minut.	hygr. D degrés	tems minut.	hygr. D degrés
0	0	24	133	95	599
1	1	25	145	105	629
2	2	26	162	115	649
3	3	27	168	140	682
4	4	31	207	165	699
5	6	37	251	180	706
6	14	39	267	190	711
7	18	40	278	205	713
8	26	41	289	230	716
9	34	46	339	260	719
11	49	50	373	300	721
12	58	54	407	335	723
13	65	60	442	365	724
14	68	65	470	390	726
15	73	72	508	460	727
18	81	77	531	525	727
20	95	86	569		
21	99	90	584		

En comparant cette table avec la précédente, on voit que la marche initiale avoit été ici beaucoup plus lente, & que ce n'est qu'après 47 minutes qu'elle commença à devancer. Il paroit donc que la corde a besoin de sécher jusqu'à un certain point, avant qu'elle puisse acquérir le degré d'élasticité requis pour se tordre avec la plus grande vitesse. Et comme ensuite, à mesure qu'elle seche davantage, son mouvement se rallentit, on voit bien qu'il faut plus de force pour qu'elle se torde davantage, puisqu'à mesure qu'elle devient plus seche elle se remet dans l'état de compression que le cordier lui avoit donné en la tordant.

§. 54. J'obſervai encore la même choſe le 24 Janvier 1769, en retirant l'hygrometre du verre où je l'avois laiſſé pendant les cinq jours précédens (§. 47.). Mais je ne pus continuer l'obſervation pour des affaires qui me ſurvinrent. Ainſi je rapporterai ſimplement ce que le tems me permit d'obſerver. Ce fut à 8½ heures que je retirai l'hygrometre du verre, l'aiguille ſe trouvant ſur 140 degrés, après environ 2⅓ tours qu'elle avoit faits dans le verre. Sa marche rétrograde fut comme ſuit.

tems minutes	hygr. D degrés	tems minutes	hygr. D degrés	tems minutes	hygr. D degrés
0	0	60	218	112	497
9	7	65	232	115	504
10	8	70	250	125	540
15	21	75	275	—	—
37	58	85	340	232	1014
41	72	90	387	265	1014
45	90	102	450	285	1020
53	144	105	460	430	1020

Comme dans cette expérience la corde avoit été encore plus imprégnée d'humidité, la marche initiale de l'aiguille en étoit auſſi plus lente, quoiqu'elle eût ſéché dans un air plus ſec de plus de 100 degrés. Mais auſſi elle redoubla enſuite de vîteſſe, & je fus ſurpris, après une abſence d'environ 2 heures, de voir qu'elle avoit fait un chemin de 474 degrés, & qu'elle ſe trouvoit entierement remiſe dans l'état qui répondoit au degré de ſécheresſe de l'air.

§. 55. Je rapporterai encore l'expérience faite avec l'hygrometre E, que je retirai du verre le 14 Novembre (§. 43.) après midi à 1 h. 15 minutes, tandis qu'il ſe trouvoit ſur 39 degrés. La marche rétrograde de l'aiguille fut comme ſuit.

tems

tems minutes	hygr. E degrés	tems minutes	hygr. E degrés	tems minutes	hygr. E degrés
0	0	50	209	110	363
1	0	55	230	115	369
2	1	60	245	125	378
5	6	65	261	135	386
10	26	75	280	165	400
15	59	80	302	185	405
20	76	85	317	215	414
25	103	90	326	240	426
30	128	95	338	289	429
35	151	100	347	390	437
45	193	105	355	—	—

Ici donc la marche initiale étoit encore fort lente, comme généralement toute la marche de l'aiguille. La raiſon en eſt aſſez naturelle. Car, outre que la corde de l'hygrometre étoit plus groſſe, il n'y avoit pas tant de degrés à parcourir. Cette derniere circonſtance fait que cette table ne peut pas ſans reſtriction être comparée à celle du §. 52, pour ce qui regarde les diametres des cordes, que nous avons vu ci-deſſus (§. 28.) être comme 19 à 12. C'eſt dans ce rapport que devroient être les tems employés à parcourir un même nombre de degrés. Or nous trouvons dans les 2 tables les degrés 347, parcourus en 100 minutes par l'hygrometre E, & en 50 minutes par l'hygrometre D; mais il eſt

$$19 : 12 = 100 : 63\tfrac{3}{19},$$

de ſorte que l'hygrometre D auroit dû y employer 63 minutes. Il n'y en employa que 50, parce que pour parcourir plus de degrés ſa marche en devoit être plus accélérée. Auſſi le rapport des degrés qui ſont 495 & 437, réduit ces 63 minutes à 55, ce qui differe moins de 50. Mais, comme la marche n'eſt pas tout à fait proportionelle, je n'inſiſterai pas davantage ſur cette comparaiſon.

§. 56. Tirons encore de ces observations la conséquence, que lorsque l'humidité de l'air change subitement & beaucoup, les hygrometres marquent ce changement par un mouvement fort sensible, mais que ce mouvement est plus lent & moins perceptible, lorsque l'humidité ne change que de quelques degrés. Car on voit dans toutes ces tables (§. 52 — 55.) que les derniers degrés sont parcourus fort lentement. De là il peut arriver que, quand les variations de l'air sont subites & fréquentes, l'hygrometre suit le nouveau changement avant que de s'être accommodé entierement à celui qui précédoit. Voilà donc ce qui explique les petites anomalies qui se trouvent dans la septieme Figure, & dont j'ai parlé ci-dessus (§. 37. & suiv.).

§. 57. Dans les expériences de l'hygrometre placé dans le verre, il n'étoit gueres possible de tenir compte de l'humidité causée par l'évaporation de l'eau qui couvroit le fond du verre. Car, comme il faut peu d'eau pour rendre l'air très humide, on conçoit que même pendant les cinq jours que dura l'observation rapportée au §. 47, la surface de l'eau ne pouvoit baisser que très peu, d'autant que sa surface étoit très grande. Il est clair qu'il falloit diminuer cette surface, afin d'en rendre l'évaporation plus petite. Et c'est ce que je fis de la façon suivante.

§. 58. Le 15 Novembre 1768, je pris un verre de thermometre dont la boule étoit de $10\frac{1}{2}$ lignes, la longueur du tuyau de 4 pouces $7\frac{1}{2}$ lignes, & son diametre intérieur de $1\frac{1}{8}$ ligne. Je le remplis d'eau jusqu'à l'ouverture du tuyau & le plaçai dans le verre N°. 1. (§. 4.), après avoir divisé le tuyau en lignes, pour voir à travers le verre l'abaissement de la surface de l'eau. Je plaçai encore dans le verre l'hygrometre F, & je couvris le verre d'un verre plan & circulaire de même diametre, en bouchant les jointures avec de la cire amollie, afin d'empêcher toute communication de l'air dans le verre avec l'air extérieur. Ce qui étant fait, j'observai tant l'abaissement de la surface de l'eau dans le tube que la marche de l'hygrometre. Et comme l'eau dans le tube pouvoit s'élever & s'abaisser fer tant soit peu par les variations de la chaleur, j'en observai la hauteur le matin avant qu'on mît le feu au fourneau, parce qu'alors le thermometre dans la chambre se trouvoit ordinairement entre 9 & 10 degrés, c'est à dire, au tempéré. Je dois encore avertir que, pour rendre l'effet de la chaleur insensible, j'aurois pu me borner à un simple tube de verre de la longueur de tout au plus un pouce. Car, comme l'évaporation suit la loi des surfaces (§. 9. & suiv.), il est clair qu'elle auroit été là même. Mais avec tout cela il eût été nécessaire d'observer l'abaissement de la surface de l'eau, les matins. Car comme la chaleur fait varier l'évaporation (§. 19. & suiv.), on voit que de cette maniere on observe l'effet des variations diurnes de la chaleur. J'observai encore qu'ordinairement vers le midi l'hygrometre rétrogardoit un peu, pendant que la chaleur de la chambre alloit vers son *maximum*. Mais j'ai fait voir ci-dessus (§. 49.) dans la quatorzieme Figure, que les effets de la variation de la chaleur se compensent, en sorte que le total de la marche de l'hygrometre se regle sur un degré de chaleur moyen & constant.

J.	H. M.	Hygr.	Ev.	J.	H. M.	Hygr.	Ev.	J.	H. M.	Hygr.	Ev.
15	— 9.55	251	0	18	— 8.25	304	2		+ 10.45	333	5¼
	57	249			10. 0	303		30	— 7.30	338	
	— 10. 0	246			11.30	292			+ 11.45	337	
	5	243			+ 1.35	293		1	— 7.35	341	
	10	241			4.37	298			+ 0. 5	337	
	15	239			8.20	300		2	— 8.15	347	6
									+ 0. 5	336	
	20	238		19	— 8.15	309		3	— 0.25	339	
	30	244			10.45	308			— 8.10	346	
	35	246			+ 1.30	308			+ 0.25	332	
	45	246			6.40	308			+ 10.45	338	
	55	248		20	— 8.15	317		4	— 8.10	345	
	— 11.10	248			+ 0.10	316			+ 1.30	338	
	25	251			+ 7.20	317			+ 10.20	336	
	35	253		21	— 8.30	323	3½	5	— 8.30	344	6½
	45	254			+ 1.15	322			+ 11.20	335	
	+ 1. 5	252			+ 11.20	323		6	— 8.30	341	
	2.45	258		22	— 8.35	329			— 11.10	349	
	4.30	266			+ 2.20	324			+ 11.24	331	
	6.45	267			+ 11.35	328		7	— 8.30	338	7
	8.10	269		23	— 8.45	332			+ 10.52	327	
	8.50	271			+ 1.20	324		8	— 8.28	334	
	9.50	272			+ 10.55	327			+ 1.20	328	
16	— 7.30	285		24	— 8.10	332	4		+ 11.15	329	
	8.35	287			+ 0.55	316		9	— 8.50	337	7¼
	9.55	283			+ 10.45	332			+ 2.20	331	
	10.30	273		25	— 8.15	329			+ 10.35	332	
	+ 0.35	270			+ 2.45	323		10	+ 10. 2	330	
	1.10	268		26	— 0.25	324		11	— 8. 0	337	7¼
	1.30	268			— 7.50	334	4½	12	— 8. 0	337	
	6.15	282			+ 1.25	324			+ 3.30	334	
				27	— 0.35	328					
	10.45	284			— 8. 5	334		13	— 8.30	338	8¼
17	— 8. 0	295			+ 0.55	318					
	9.10	296			+ 11.20	328					
	11.35	294		28	— 7.20	335					
	+ 1.15	287			+ 0. 8	328					
	5.30	294			+ 10.35	332					
	11. 5	296		29	— 8.10	336					

Je dois remarquer que le 6 Déc. j'avois placé le verre dans une chambre froide, pendant quelques heures du ſoir, afin de voir ſi cela accéléreroit l'évaporation, comme en effet cela arriva un peu. §. 59.

§. 59. Cette expérience m'apprit que je pouvois placer dans le verre un tuyau d'un plus grand diametre. C'est ce que je fis aussi le 13 Déc. à 1 h. 5 m. après-midi. Il falloit cet intervalle de tems pour remettre l'hygrometre à l'air, afin que l'aiguille pût retourner sur le degré répondant à l'humidité de l'air extérieur. Je remplis donc d'eau une espece de phiole, qui ressembloit en tout à un verre de thermometre. Le diametre de la boule étoit de $14\frac{1}{2}$, le diametre intérieur du cylindre ou du tuyau de 3 lignes exactement, & la longueur du tuyau de $37\frac{1}{2}$ lignes. Le tuyau fut rempli jusqu'en haut, & j'y avois collé une échelle divisée en lignes. Je plaçai donc cette phiole & l'hygrometre dans le même verre N°. 1. Je le couvris & bouchai les jointures avec de la cire. Voici le résultat des observations.

J.	H.M.	Hygr.	Ev.	J.	H.M.	Hygr.	Ev.	J.	H.M.	Hygr.	Ev.
13	+ 1. 5	244	0		+ 10.25	294	2¼	31	— 8. 0	46	
	5.15	310		21	— 9. 0	317			+ 11.30	24	
	7. 0	317			+ 11. 0	320		1	— 8. 0	49	
	8. 0	323		22	— 8. 0	339			+ 10. 0	26	
	9.40	334			+ 1. 0	285		2	— 8. 0	57	
14	— 8. 0	14			+ 10. 0	338		3	— 8. 0	59	
	— 11. 0	7		23	— 9. 0	358	3		+ 6. 0	26	4½
	+ 7.25	39			+ 6. 0	348		4	— 8. 0	71	
	+ 10. 0	46			+ 10.30	343			+ 10. 0	43	
15	— 8. 0	89		24	— 8. 0	3		5	— 8. 0	78	
	+ 2.20	54		25	— 8. 0	8			+ 10. 0	47	
	+ 10. 0	118	1		+ 0.30	289		6	— 8. 0	88	
16	— 8. 0	159			+ 10. 0	2			+ 9. 0	4[illegible]	
	+ 4.10	149		26	— 8. 0	14		7	— 8. 0	96	5
17	— 0.15	172			+ 1. 0	342			+ 9.30	46	
	— 8.15	208			+ 10. 0	2		8	— 8. 0	103	
	+ 5.25	218		27	— 8. 0	24		9	— 8. 0	95	
	+ 11. 6	225			+ 8.30	8		10	— 8. 0	96	
18	— 8.35	258	2	28	— 8. 0	36		11	— 8. 0	90	
	— 11.45	193			+ 1. 0	349		12	— 8. 0	100	
	+ 10. 7	241			+ 10. 0	30		13	— 8. 0	114	
19	— 8 0	270		29	— 8. 0	43		14	— 8. 0	120	
	+ 10.30	258			+ 1.30	3		15	— 8. 0	116	
20	— 8. 0	290			+ 9.30	24		16	— 8. 0	115	
	+ 1.45	249		30	— 7.30	50		17	— 8. 0	117	6
	+ 5.35	294			+ 9.30	22	4				

§. 60.

§. 60. On voit que, dans ces deux expériences, j'ai été plus assidu à observer l'hygrometre pendant les premiers jours, afin de voir les variations journalieres qui provenoient de celles de la chaleur, lesquelles faisoient tous les jours vers le midi rétrograder l'aiguille. On voit aussi sans peine que l'évaporation se rallentit peu à peu, à mesure que la quantité évaporée rendoit l'air plus humide. Et comme le petit tuyau évaporoit moins que le grand, vu que les bases des cylindres étoient comme 1 à 7, on voit aussi qu'il s'évaporoit plus de lignes dans la premiere expérience que dans la seconde, quoique la premiere ne durât que 28 jours tandis que la seconde en dura 35. J'ai dessi-
Planche I. Fig. 6. né dans la sixieme Figure la courbe d'évaporation pour la seconde expérience. La ligne des abscisses AB représente les jours, & les ordonnées 1, 2, 3, 4, 5, 6, marquent autant de lignes d'évaporation. Comme la courbe AD tourne sa concavité vers l'axe, on voit que l'évaporation devient plus lente.

§. 61. Ces observations, & surtout celles de la derniere expérience, nous mettent en état d'évaluer le degré d'humidité que l'air dans le verre avoit de plus pour chaque ligne d'évaporation. Car le volume d'air contenu dans le verre est donné, & nous avons vu ci-dessus qu'il est de 39 pouces cubiques. Or le tuyau ayant un diametre intérieur de 3 lignes exactement, il ne s'agit que de calculer de combien de lignes cubiques est un cylindre de 3 lignes de diametre & d'une ligne de hauteur. Cela donne, en employant le rapport d'Archimede, $7\frac{1}{14}$ lignes, ou plus exactement $7\frac{2}{29}$ lignes. Mais nous pourrons, sans admettre une erreur considérable, supposer nombre rond 7 lignes; & comme la boule, le tuyau & l'hygrometre occupoient environ 1 pouce cubique d'espace, nous donnerons au volume d'air renfermé dans le verre, 38 pouces. Ce qui fait 38.1728 lignes cubiques. Divisant donc 38.1728 par 7, nous aurons 9380, de sorte que le volume d'air est 9380 fois plus grand que le cylindre de 3 lignes de diametre & d'une ligne de hauteur. Mais, comme l'eau est 840 fois plus pesante que l'air, il est clair que, pour comparer les poids, il faut diviser les 9380 par 840: ce qui donne $11\frac{1}{6}$. Donc chaque ligne

ligne d'eau qui s'évaporoit du tuyau dans la derniere expérience, augmentoit la gravité spécifique de l'air d'une $\frac{6}{67}$ partie. Ou bien, en supposant le poids de l'air avant l'évaporation égal à 67, il augmentoit de 6 pour chaque ligne d'eau qui s'évaporoit du tuyau. Or, comme un pied cube d'air pese environ $\frac{1}{12}$ de livre ou 640 grains, il faudra compter $57\frac{1}{3}$ ou nombre rond 57 grains d'augmentation pour chaque ligne d'eau qui s'évaporoit du tuyau.

§. 62. Mais, pour comparer encore l'évaporation avec la marche de l'hygrometre, j'y ai employé les degrés observés les matins, afin de faire abstraction des anomalies qui venoient de la variation de la chaleur (§. 58.). C'est sur ce pied que j'ai dessiné la onzieme Figure, où la ligne des abscisses AB est divisée en 6 parties égales, comme représentant les 6 lignes d'évaporation observées. Les ordonnées prises sur l'échelle BD représentent les degrés parcourus par l'aiguille de l'hygrometre. Comme donc la courbe AD tourne sa concavité vers AB, on voit que la marche de l'hygrometre se rallentit, quand encore l'humidité s'accroît également. Planche II. Fig. 11.

§. 62. J'ai aussi dessiné dans la même Figure la courbe AC qui marque la marche de l'hygrometre dans la premiere expérience (§. 58.) pour autant de lignes d'évaporation du petit tuyau, qui avoit une ouverture 7 fois plus petite. Aussi les ordonnées sont-elles environ 7 fois plus petites. Car, l'ordonnée CD étant de 610 degrés, l'ordonnée CB est à peine de 90. Ce n'est pas cependant que cela me satisfasse; car, à proprement parler, l'ordonnée CB auroit dû être égale à l'ordonnée EF, construite sur AE = $\frac{6}{7}$ AB, puisqu'une évaporation de $\frac{6}{7}$ ligne du grand tuyau doit produire un même degré d'humidité qu'une évaporation de 6 lignes du petit tuyau. Et cela devroit faire CB = EF. Or on voit que CB est beaucoup plus petite. Il faudra donc conclure que, dans l'un & l'autre cas, l'eau évaporée s'est en partie attachée au verre; & comme elle en avoit plus le tems dans la premiere expérience que dans la seconde, cela avoit pu produire, du moins en partie, la différence qui se voit entre les ordonnées

nées BC, EF. Auſſi peut-on établir que, tandis que dans la ſeconde expérience il s'évaporoit 7 fois plus d'eau en même tems, cela pouvoit agir plus efficacement ſur l'hygrometre que dans la premiere expérience. Car il eſt très ſûr, que quelque ſenſible que puiſſe être la corde de l'hygrometre, elle ne l'eſt pas infiniment. Il faudra toujours lui attribuer un certain degré d'inertie, qui fait qu'un petit changement d'humidité ne l'affecte pas. Par cette raiſon nous ferons mieux de nous en tenir à la ſeconde expérience, où toutes ces petites anomalies doivent naturellement avoir été beaucoup moins ſenſibles.

§. 63. Comme donc les 6 lignes d'eau évaporées dans la derniere expérience avoient fait tourner l'aiguille de l'hygrometre F de 610 degrés, il s'enſuit que l'hygrometre A n'auroit tourné que de 220 degrés. Car les cordes étant de même groſſeur, les mouvemens ſont en raiſon de leur longueur. Or il eſt (§. 28. 31.)

$$33\tfrac{1}{3} : 12 = 610 : 219$$

ou nombre rond 220 degrés. Cette variation de l'hygrometre A eſt très poſſible en plein air. Il s'enſuit donc que l'humidité de l'atmoſphere peut varier tout autant que celle de l'air renfermé dans le verre. Mais nous avons vu (§. 61.) que pour chaque ligne d'évaporation un pied cube de cet air augmentoit de 57 grains, ce qui pour 6 lignes donne 342 grains. Ce poids étant ajouté à 640 grains, donne le poids d'un pied cube d'air très humide, de 982 grains. Ce qui fait un rapport de 13 à 20. Or j'ai fait voir dans un Mémoire ſur la vîteſſe du ſon, que l'air peut très bien être chargé d'un tiers de ſon poids, de particules aqueuſes & non élaſtiques. Nous voyons donc que le réſultat de la derniere expérience ne s'accorde pas mal avec ce que j'avois déduit d'autres principes, totalement différens de ceux que j'ai établis dans le préſent Mémoire. Du reſte il eſt bien ſûr que l'air peut encore être plus chargé de vapeurs. Il l'étoit ſans contredit dans l'expérience du §. 47. où l'hygrometre D avoit fait un tour de 840 degrés, & même de 1020 degrés, lorsqu'il ſéchoit dans un air

air plus sec (§. 54.) que celui du tems où je l'avois mis dans le verre. Or, comme les cordes des hygrometres sont de même grosseur, on voit que l'hygrometre F auroit dans les mêmes circonstances fait un tour beaucoup plus grand, c. à d. de 1890 degrés. Car il est (§. 28. 30.)

$$18 : 33\tfrac{1}{2} = 1020 : 1898$$

ou nombre rond 1900 degrés, ce qui est plus que le triple des 610 degrés que l'évaporation de 6 lignes d'eau lui avoit fait parcourir. Cependant il ne paroit pas vraisemblable que l'air libre puisse jamais être aussi chargé d'humidité qu'il l'étoit dans le verre après 5 jours d'évaporation de l'eau qui en couvroit le fond. Je n'ai point encore vu l'hygrometre A au dessous du degré VI. Il étoit sur ce degré dans un tems où l'humidité de l'air s'attachoit très sensiblement aux murs, au linge, au papier. Le degré de la plus grande sécheresse que j'aye observé, c'est le degré III, (c'étoit le 28 Mai 1769, & l'air étoit si sec, que l'encre séchoit dans un instant non seulement sur le papier mais même dans la plume,) de sorte que la plus grande variation de cet hygrometre n'excédoit pas 270° ou les $\frac{3}{4}$ du cercle.

§. 64. J'ai dit ci-dessus que les hygrometres faits d'éponges ne sont gueres sensibles (§. 26.). Pour m'en assurer, je pris une petite éponge, qui ne pesoit que 38 grains poids de Berlin: je la trempai dans l'eau, & l'ayant ensuite comprimée pour en faire écouler l'eau, elle pesa 93 grains, de sorte qu'elle avoit 55 grains d'humidité de plus, que lorsqu'elle étoit seche. C'est ce que je fis le 19 Oct. 1768 à $3\frac{1}{2}$ heures après-midi. Je la suspendis à une balance afin de mesurer la diminution successive de ces 55 grains d'eau, & je trouvai

tems		poids
$0^h. 0'$	- - - - -	55
2. 25	- - - - -	42
3. 20	- - - - -	41
5. 21	- - - - -	32
6. 45	- - - - -	27
16. 0	- - - - -	9

de sorte qu'après 16 h. de tems elle avoit encore 9 grains d'humidité.

§. 65. Le 20 Octobre 1768, à 7 heures du matin, je pris une autre éponge qui pesoit 51 grains, & après avoir été humectée 138 grains, de sorte qu'elle se trouvoit imprégnée de 87 grains d'eau. En séchant elle perdit ces 87 grains comme suit:

tems	poids	tems	poids
$0^h.0'$	 87	$13^h.30'$	 36
0. 18	 85	15. 20	 31
0. 55	 81	16. 12	 29
1. 30	 78	22. 5	 21
2. 5	 75	24. 50	 17
3. 4	 72	25. 45	 16
5. 1	 64	26. 30	 14
6. 11	 60	27. 35	 13
7. 14	 56	28. 34	 12
8. 54	 50	29. 49	 11
10. 18	 46	31. 11	 10
11. 28	 42	33. 48	 7
12. 34	 39	38. 35	 4
		48. 22	 1

Ainsi il fallut deux jours de tems avant que cette éponge perdît toute l'humidité qu'elle avoit prise.

§. 66. Le 22 Octobre 1768, à 8 heures du matin, je liai ces deux éponges ensemble qui s'imprégnerent de 138 grains d'eau; cette humidité se perdit comme suit

tems	poids	tems	poids
0^h. 0′	138	28^h. 30′	63
1. 0	133	30. 0	60
3. 30	125	34. 0	53
6. 22	114	48. 0	36
8. 35	107	51. 30	32
9. 45	104	54. 0	26
13. 5	97	57. 30	21
14. 32	94	62. 0	17
24. 0	73	72. 0	11
26. 20	68	83. 0	6
		96. 0	3

de ſorte qu'en quatre jours de tems cette éponge ne s'étoit point encore tout à fait ſèchée.

§. 67. Comme, pendant ces trois expériences, l'humidité de l'air extérieur ne varioit que très peu, les éponges doivent avoir ſéché aſſez régulierement. La quinzieme Figure fait voir cela d'un coup d'œil pour les trois expériences. Les abſciſſes marquent le tems, les ordonnées font voir pour chaque moment le poids de l'humidité qui reſtoit encore dans l'éponge. Ce n'eſt qu'en D où le deſſéchement étoit un peu irrégulier, comme on le voit par la ligne ponctuée. Auſſi voit-on dans la ſeptieme Figure que le 24 Octobre l'humidité de l'air avoit varié un peu plus ſenſiblement. Planche III. Fig. 15.

§. 68. Les éponges ne pouvoient ſécher qu'à meſure que l'air extérieur touchoit immédiatement les particules d'eau dont elles étoient pénétrées. Ainſi c'eſt aux ſurfaces extérieures que le deſſèchement devoit commencer. C'eſt auſſi ce que l'expérience fait voir. On n'a qu'à laiſſer ſécher une éponge. Les extrémités ſeront ſeches tandis que les parties intérieures ſeront encore fort humides. Si, au lieu d'une éponge mouillée, on ſuppoſe un globe d'eau librement expoſé à l'air, la loi des ſurfaces (§. 9.) veut que le diametre diminue en raiſon

son simple & directe du tems. Or le poids du globe est en raison du cube du diametre. Ainsi ce poids diminue en raison cubique du tems que l'air doit encore employer pour achever l'évaporation. Si donc le desséchement de l'éponge suivoit la même loi, la racine cubique de l'humidité décroîtroit en raison simple du tems. Mais, comme l'accès de l'air aux parties intérieures de l'éponge est moins libre, il y a apparence que l'éponge sécha un peu moins vîte. Quoi qu'il en soit, il est facile d'en faire l'essai sur la troisieme de ces expériences (§. 66.) en prenant le tems de 12 en 12 heures.

tems	poids	racine cubique	différence
0	138	5, 17	—
12	101	4, 66	0, 51
24	72	4, 16	0, 50
36	49	3, 66	0, 50
48	33	3, 21	0, 45
60	20	2, 71	0, 50
72	12	2, 29	0, 42
84	7	1, 91	0, 38
96	3	1, 44	0, 47

Toutes ces différences devroient être égales. Or, à quelque anomalie près, elles ne sont pas fort différentes. Mais il semble pourtant qu'elles diminuent vers la fin, & c'est une marque que l'éponge séchoit un peu moins vîte que n'auroit fait un globe d'eau.

§. 69. Dans la seconde expérience nous avons

tems	poids	racine cubique	différence
0	87	4, 43	—
12	41	3, 45	0, 98
24	18	2, 62	0, 83
36	6	1, 81	0, 81
48	1	1, 00	0, 81

Ici les différences sont encore assez égales, quoiqu'un peu plus petites vers la fin, mais beaucoup plus grandes que celles de la troisieme expérience.

§. 70.

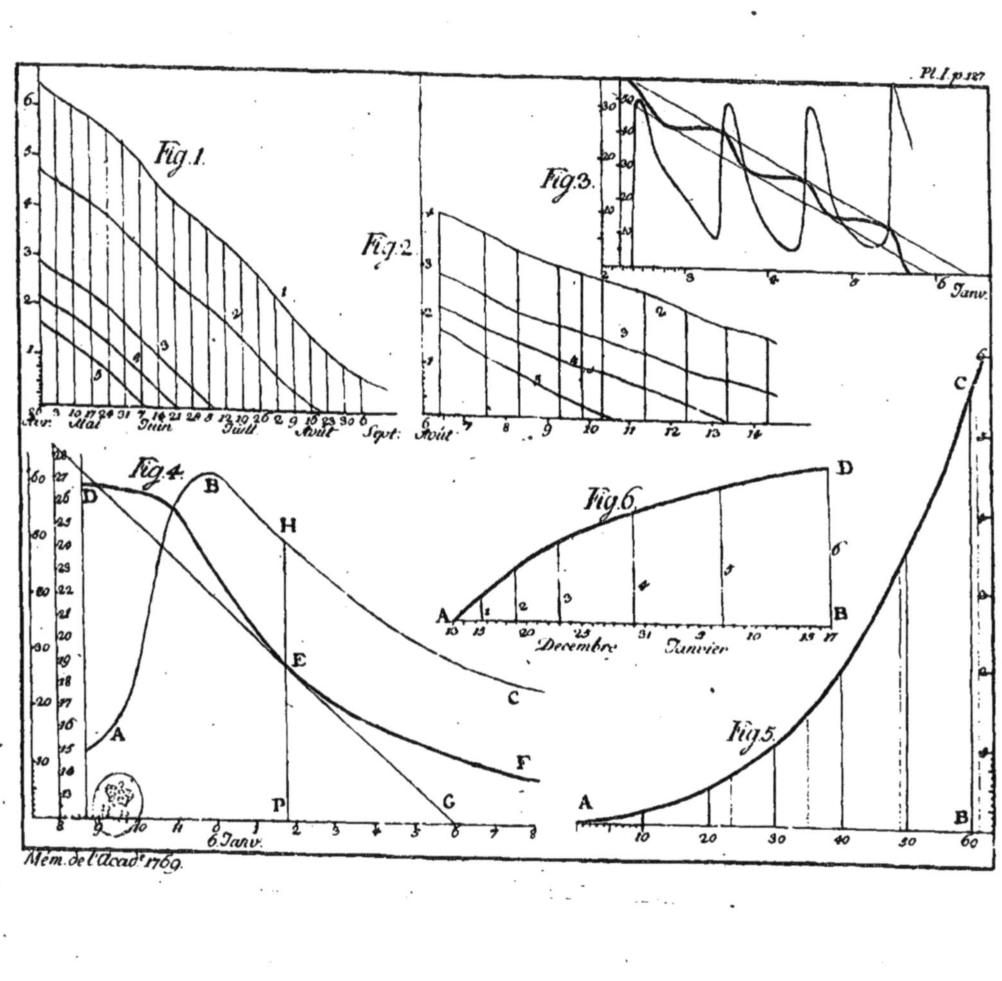

Pl. I. p. 127
Fig. 1.
Mai
Juin
Juill.
Août
Sept.
Fig. 2.
Août
Fig. 3.
6 Janv.
Fig. 4.
6 Janv.
Fig. 6.
Decembre
Janvier
Fig. 5.
Mém. de l'Acad. 1769.

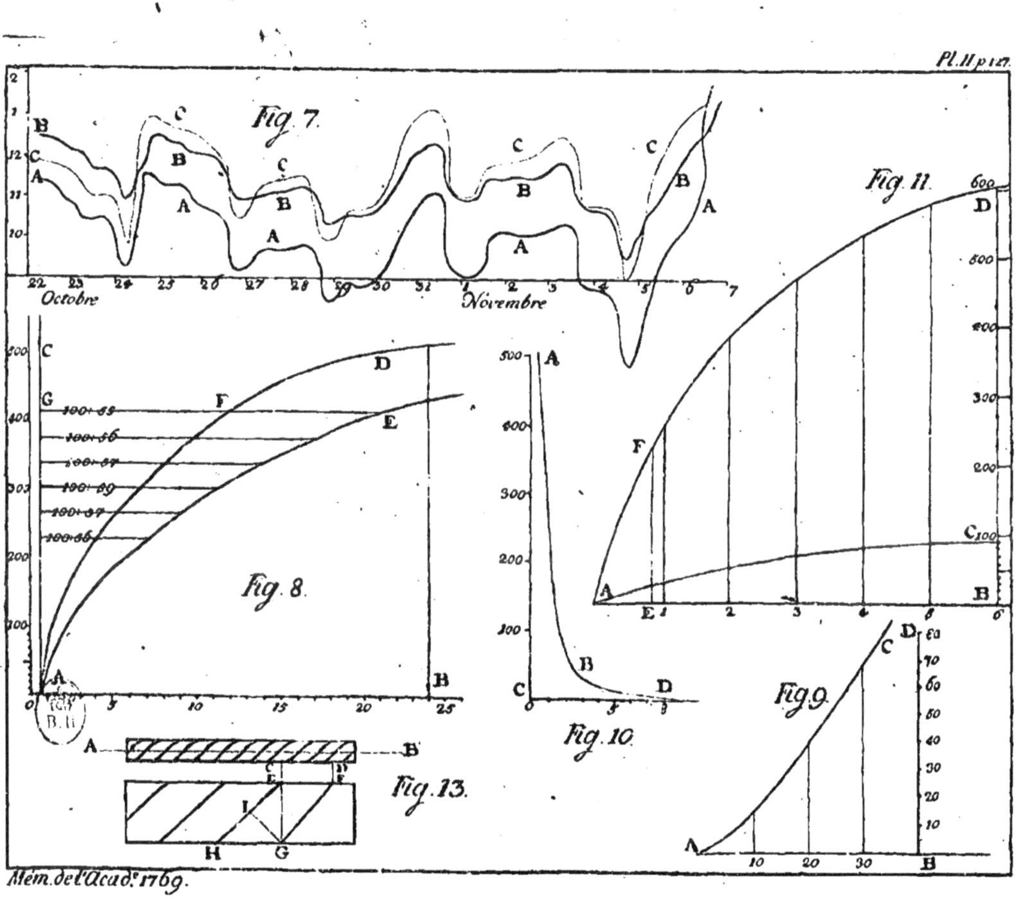
Fig. 7.
Octobre
Novembre
Fig. 8.
Fig. 10.
Fig. 11.
Fig. 9.
Fig. 13.

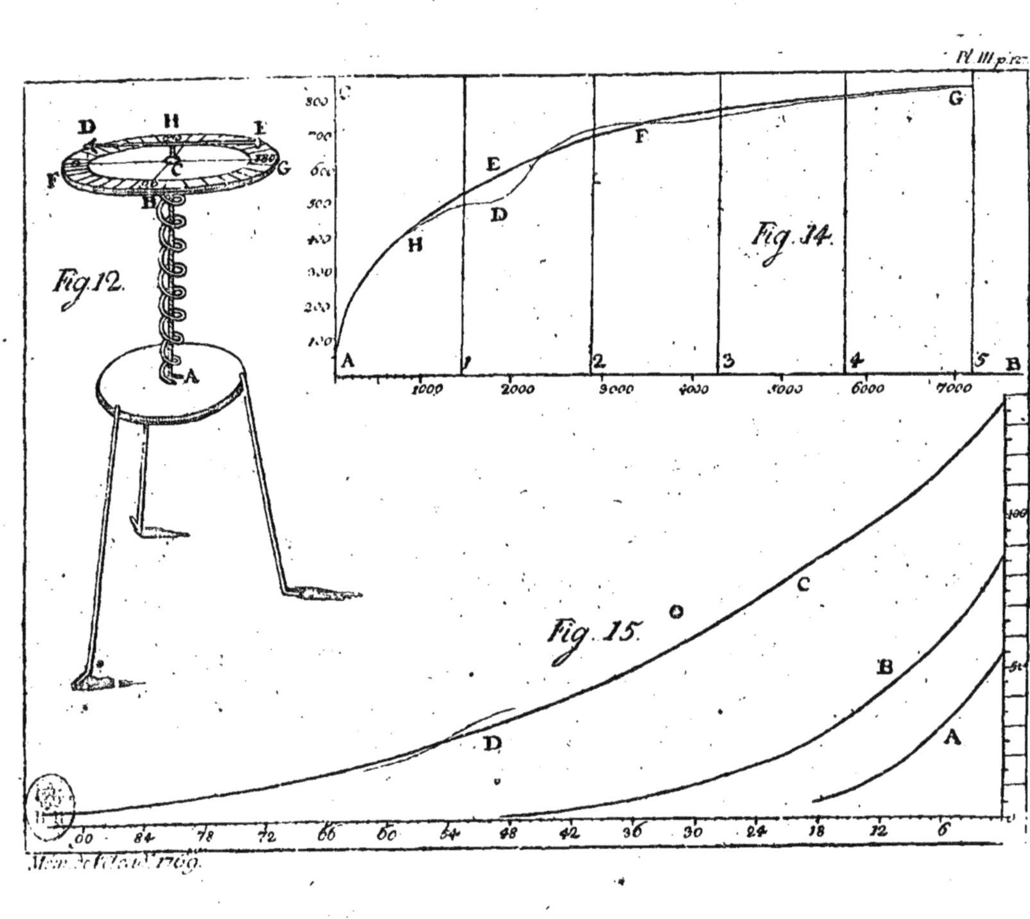
Fig. 12.
Fig. 14.
Fig. 15.
1000
2000
3000
4000
5000
6000
7000
100
200
300
400
500
600
700
800
90
84
78
72
66
60
54
48
42
36
30
24
18
12
6

§. 70. Dans la premiere expérience nous avons

tems	poids	racine cubique	différence
0	55	3, 80	—
12	14	2, 41	1, 39
24	1	1, 00	1, 41

Ici les différences ſont encore fort égales, mais pourtant plus grandes que dans la ſeconde expérience.

§. 71. Cette différence provient de ce que, dans les trois éponges, le rapport entre le volume & la ſurface n'eſt pas le même, mais qu'il diminue à meſure que le volume eſt plus grand. Il s'y joint encore une autre raiſon, qui eſt que l'accès de l'air extérieur aux parties intérieures de l'éponge devient plus difficile à meſure que l'éponge a plus de diametre; & c'eſt là encore ce qui doit rallentir le deſſéchement. Le poids des éponges étoit de 38, 51 & 89 grains, & ces nombres ſont en même tems comme leurs volumes. Mais, comme la figure des éponges n'étoit pas abſolument réguliere, je ne déciderai pas quel rapport il faudroit établir à cet égard.

EXTRAIT

SUITE DE L'ESSAI D'HYGROMÉTRIE

PAR M. LAMBERT. (*)

Après m'être assuré par des observations de plusieurs années de la longueur qu'il faut donner aux cordes de boyaux pour que de la plus grande humidité à la plus grande sécheresse de l'air elles ne fassent qu'un tour, je commençai en 1771 à faire trois hygrometres correspondans de la même corde que dans mon premier Essai j'ai appellée la corde mince, & qui a $\frac{38}{100}$ ligne de diametre. Je nommerai ces hygrometres G, H, I, afin de les distinguer des six hygrometres dont j'ai fait usage dans mon premier Essai d'Hygrométrie. Je laissai ces hygrometres pendant plusieurs mois à côté l'un de l'autre & je vis qu'ils continuoient d'avoir la même marche.

Au mois de Mars 1771 j'envoyai l'hygrometre G à Mr. le Prélat *de Felbiger*, à Sagan, qui prend beaucoup d'intérêt à tout ce qui regarde les observations météorologiques, & qui tout récemment a fait appliquer au clocher de son Abbaye un conducteur électrique, pour mettre l'église à couvert des coups de foudre auxquels elle avoit été exposée ci-devant.

Ce Prélat avoit déjà reçu de Mr. *Titius*, Professeur de Mathématiques à Wittemberg, un hygrometre dont la corde devoit faire quatre tours du plus humide au plus sec. Il ne tarda pas à en comparer la marche avec celui que je venois de lui envoyer. Ces deux hygrometres se trouverent correspondans. L'hygrometre de Mr. *Titius* avoit une spirale dont quatre tours étoient divisés en 360 degrés, & afin de ne point confondre les tours, Mr. *Titius* y avoit attaché un fil par les deux bouts, en sorte que l'aiguille tournant en arriere, le fil se dévidoit de la corde. Mon hygrometre ne faisant qu'un seul tour n'avoit qu'un simple cercle divisé en 360 de-

(*) Voyez Anc. Mém. T. XXV. p. 68.

grés. Ainsi dans l'un & l'autre hygrometre le zéro de la division marque la plus grande humidité, le 180me indique l'humidité moyenne, & la plus grande sécheresse de l'air va jusqu'au 360me degré.

Ces deux hygrometres correspondoient, à quelques degrés près dont tantôt l'un tantôt l'autre avançoit, & cette correspondance continue encore à présent. J'ignore comment M. *Titius* a déterminé le zéro de son hygrometre. Mais pour ce qui regarde le point de la plus grande sécheresse il proposoit un air échauffé au 30me degré du Thermometre de Mr. de Réaumur. Quant à moi je me suis borné à déterminer les degrés extremes par une suite d'observations de plusieurs années. Ainsi ces deux hygrometres se trouvoient correspondans par un simple hazard. Il y a dans chaque année des jours où différentes marques extérieures font connoître la sécheresse & l'humidité extremes. Les jours les plus secs se rencontrent ordinairement au mois de Mai après plusieurs jours sereins & après que les vents de terre ont séché les rues, les champs & les marais. Le tems le plus humide a lieu ordinairement au commencement & quelquefois vers la fin de l'hyver. C'est alors que l'humidité entre dans les maisons & s'attache aux murs au point qu'elle est sensible. On peut assez bien régler un hygrometre conformément à ces degrés extremes, pour juger ensuite des degrés intermédiaires. Si dans les années suivantes on trouve un tems encore plus sec ou plus humide, il est toujours facile d'en tenir compte & de rectifier l'échelle faite d'après les premieres observations. C'est au moins ce qu'on peut faire de mieux jusqu'à ce qu'on ait trouvé deux degrés de sécheresse, & d'humidité constans pour la division de l'échelle des hygrometres.

Ayant appris de Mr. le Prélat *de Felbiger*, qu'il fait faire à Sagan des observations météorologiques trois fois par jour, j'en fis de même à Berlin, afin de pouvoir ensuite comparer la marche de l'hygrometre à Sagan avec les deux que j'avois gardés chez moi. Le 20 Nov. 1771 je plaçai l'hygrometre *I* dans une chambre que je ne fis point chauffer & pour l'autre *H* je le laissai dans la chambre où je suis ordinairement, qui fut chauffée tous les matins jusqu'au 24 Mars 1772, où le beau tems commençoit à rendre la chaleur du fourneau superflue. Je marquai chaque jour les degrés de ces hygrometres. Je communiquai tous les mois ces observations à Mr. le Prélat *de Felbiger*, & je reçus les siennes en échange. Les premieres observations firent d'abord voir que les variations de l'humidité à Sagan & à Berlin étoient fort analogues, & je trouvai ensuite qu'il en étoit de même dans les mois suivans. Je m'attachai surtout à comparer ensemble les degrés observés les matins, qui sont, pour ainsi dire, le résultat des variations journalieres, causées surtout par l'action du Soleil pendant le beau tems, & par les vapeurs qui s'élévent pendant la nuit. On trouvera à la fin de ce Mémoire trois Tables. La premiere contient les degrés de l'hygrometre *A*, que j'avois placé dans la chambre (qui ne fut point chauffée.) La seconde Table marque les degrés de l'hygrometre *H* que j'ai laissé dans le poële chaud où je me tiens pour l'ordinaire. Enfin la troisieme renferme les observations faites à Sagan avec l'hygrometre *G* que j'avois envoyé à Mr. le Prélat *de Felbiger*. On voit par ces Tables, que la variation totale de ces hygrometres est fort différente. Car elle fut pour l'hygrometre

A de — 121 degrés jusqu'à 189

H de 191 268

G de 70 280

Ainsi l'hygrometre *A* a varié de 310 degrés, l'hygrometre *H* de 77 & l'hygrometre *G* de 210.

Cette différence doit principalement être attribuée aux circonstances où ces hygrometres se trouverent. L'hygrometre *A* étoit, pour ainsi dire, exposé immédiatement à l'air extérieur. La chambre ne fut point chauffée pendant l'hyver. Par conséquent point de chaleur qui eût pu le tenir plus au sec. Une fenêtre étoit presque toujours ouverte, & personne n'y entroit; j'y allois seulement observer les degrés de l'hygrometre ou pour d'autres occupations de peu durée. Il n'en fut pas de même de l'hygrometre *H*. La chambre fut tenue chaude pendant tout l'hyver. Les fenêtres étoient alors fermées, & pendant l'été il n'y en avoit qu'une que je laissois ouverte de jour. Tout cela devoit nécessairement retenir l'hygrometre *B* plutôt au-dessus qu'au-dessous des degrés de sécheresse moyenne. Aussi cet hygrometre ne participant que très peu aux variations de l'air extérieur, surtout pendant les mois d'hyver, n'indiquoit, pour ainsi dire, que les vestiges de ces variations. L'hygrometre *C* de Sagan tint à peu près le milieu entre les hygrometres *A*, *B*. Il fut placé dans un corridor dont l'une ou l'autre porte étoit presque toujours ouverte.

Pour voir maintenant d'un coup d'œil l'analogie entre la marche de l'hygrometre *I* à Berlin & de l'hygrometre *G* à Sagan, je l'ai dessinée dans une Figure suivant une même échelle. Cette marche fut, à deux ou 3 degrés près absolument la même pendant les 10 derniers jours du Mois de Novembre 1771. Après cela l'hygrometre de Berlin tourna considérablement plus vers l'humide que celui de Sagan. Cela dura jusqu'à la fin de Mars, où l'hygrometre de Berlin commença à être presque toujours plus sur le sec que celui de Sagan. Vers le mois de Septembre ils commencerent à se rapprocher, en sorte que tantôt l'un tantôt l'autre se tint plus sur le sec, & au mois de Novembre celui de Berlin commença à se tenir constamment plus sur l'humide, comme il l'avoit fait l'hyver précédent depuis le 19 Déc. 1771 jusqu'au 3 Avril 1772.

Ces différences entre les hygrometres de Sagan & de Berlin n'empêcherent point que leurs variations particulieres ne fussent fort semblables, à l'exception de quelques anomalies où ces hygrometres par des causes accidentelles varioient en sens contraire, ou se dévançoient l'un l'autre d'un ou de deux jours.

On voit encore que la cause qui vers la fin de Février avoit rendu l'air à Berlin extrêmement humide, n'influa que fort peu sur l'hygrometre de Sagan. C'étoit un vent du Sud, qui nous amena une forte pluie & un tems fort humide. Il paroît que ce vent dominoit beaucoup moins à Sagan.

Les variations hygrométriques étant donc fort analogues à Berlin & en Silésie, je ne doute pas qu'elles ne le soient dans un plus grand district de pays. Mais je n'ai point là-dessus d'observations détaillées. Cependant M. *Brander*, célebre Méchanicien d'Augsbourg, me mande que Mr. *Maschenbauer*, Directeur du Bureau d'adresse de cette ville, observe l'hygrometre, & en publie les résultats dans une feuille hebdomadaire. Ses hygrometres sont de ficelle & s'allongent quand le tems devient plus sec. Il en a trouvé la longueur

pour la plus grande sécheresse	43p. 8p. 4l	34p. 7p. 0l
pour la plus grande humidité	41. 5. 0	32. 9. 6
& par conséquent la variation	2. 3. 4	1. 9. 6

Ainsi la variation pour l'un ou l'autre de ces hygrometres est comme 37 à 39.

Mr. *Maschenbauer* trouva ses hygrometres le plus au sec le 28 Juin 1772. A Berlin cela n'arriva que le 29 après midi, où l'hygrometre *I* marqua le 291me degré. Cette sécheresse arriva donc à Berlin un jour plus tard qu'à Augsbourg. A Sagan l'hygrometre avoit marqué le degré le plus sec le 20 Juin, mais le 28 & le 29 il marqua un tems moins sec.

La plus grande humidité à Augsbourg fut observée le 13 Décembre 1771. Nous avions pareillement à Berlin une humidité très forte, qui s'attacha aux murs dans les maisons, le 12 Décembre au soir où l'hygrometre se tint sur le 74me. degré. Cependant cette humidité, quoique fort grande, fut surpassée par celle du 29 Février 1772, où l'hygrometre *A* se trouva sur le 21me degré au-dessous de zéro. Avec tout cela l'humidité du 12 Décembre à Berlin peut toujours être regardée comme parallele à celle du 13 Déc. à Augsbourg, de sorte qu'à cet égard on peut dire qu'elle fut antérieure à Berlin d'un jour entier, tandis que tout au contraire ce fut à Augsbourg que la plus grande sécheresse fut antérieure d'un jour. La position des deux villes, tant à l'égard des mers qu'à l'égard des vents, fait qu'en tout cela il n'y a rien qui ne soit fort naturel.

Comme donc les degrés extremes d'humidité & de sécheresse se rencontrent à un jour près à Augsbourg & à Berlin, il y a apparence qu'il en sera de même des autres variations considérables. Car quant aux petites variations qui ne sont que journalieres, il est naturel de conclure qu'elles iront d'autant plus souvent en sens contraire, que les deux endroits qu'on veut comparer, sont plus éloignés l'un de l'autre. J'ai cependant prié

Mr. *Brander* de vouloir bien me faire avoir deux mois entiers des observations de Mr. *Maschenbauer*, & nommément les mois de Décembre 1771 & de Juin 1772, ce qu'il a eu la bonté de faire. Mr. *Maschenbauer* a divisé l'échelle de son hygrometre en 200 degrés, dont 100 se comptent vers le sec, & les autres 100 vers l'humide. J'ai tiré d'après les observations des matins une courbe à double trait au mois de Décembre & de Juin, qui marque la marche de l'hygrometre d'Augsbourg. On voit par là d'un coup d'œil que cet hygrometre tourna vers l'humide depuis le 1 jusqu'au 13 Décembre, à la petite exception près qu'il y a entre le 9 & le 10 Décembre. Cette exception fut plus grande à Berlin, & encore plus grande à Sagan. Depuis le 13 Décembre jusqu'au 23 les hygrometres avancerent & reculerent, celui d'Augsbourg fort uniformément, celui de Berlin & de Sagan d'abord avec plus de vitesse, ensuite plus lentement & avec moins d'uniformité. Depuis le 23 jusqu'au 31 l'hygrometre de Sagan varia fort peu; celui de Berlin avança d'abord vers le sec, mais moins vite que celui d'Augsbourg, qui ensuite recula de deux jours plutôt & plus fortement. La variation pendant ce mois fut à peu près la même.

Il en est tout autrement au mois de Juin, où la variation de l'hygrometre d'Augsbourg est très considérable en comparaison de ceux de Berlin & de Sagan. Il y a pourtant quelque analogie, si on compare les *maximum* & les *minimum*, entre ces trois hygrometres. Voici comment je crois que cette comparaison doit être faite.

	Augsbourg	Berlin	Sagan
Minimum	le 3	le 4	le 4
Maximum	le 5	le 5	le 5
Minimum	le 6	le 7	le 7
Maximum	le 8	le 9	le 10
Min.	le 9	le 10	
Max.	le 11	le 11	
Min.	le 12	le 13	le 12
Max.	le 17	le 16	le 15
Min.	le 19	le 18	le 19
Max.	le 20	le 19	le 20
Min.	le 22	le 22	le 23
Max.	le 24	le 25	le 25
Min.	le 25	le 25	le 26
Max.	le 28	le 29	le 29

Du 9 au 11 Juin l'hygrometre de Sagan avoit une variation de moins, & le 27 celui de Berlin en avoit une de plus. Il semble que le sol élevé d'Augsbourg contribue à rendre les variations en été plus fortes.

Les observations d'une seule année ne sont gueres suffisantes pour déterminer ce qu'il peut y avoir de régulier dans la variation annuelle de l'humidité de l'air. Les années 1771, 1772 y sont peut-être les moins propres. L'année 1771 étoit une des plus humides que nous ayons eues depuis longtems, & l'année 1772, depuis le mois d'Avril jusqu'à la fin du mois d'Octobre, amena un tems sec, qui n'étoit que très rarement interrompu par quelque pluie abondante. J'ai pris pour chaque mois la somme des degrés de l'hygrometre *A* dans la premiere Table, & en la divisant par le nombre des jours j'ai obtenu les termes moyens pour chaque mois. Les voici.

1771.	Nov. - - -	155	1772.	Mai - - -	241
	Déc. - - -	145		Juin - - -	267
1772.	Janv. - - -	140		Juillet - - -	252
	Févr. - - -	129		Août - - -	238
	Mars - - -	136		Sept. - - -	239
	Avril - - -	233		Oct. - - -	222
				Nov. - - -	195

On voit par là que le mois de Novembre 1771 étoit de près de 40 degrés plus humide que le même mois en 1772. A en juger par toutes les circonstances, les termes moyens seront, pour le mois le plus sec 270, & pour le mois le plus humide 116.

J'ajouterai encore les termes moyens tirés de la troisieme Table, qui renferme les observations faites à Sagan. Et comme je viens de recevoir encore le tableau de la marche de l'hygrometre de Mr. le Professeur *Titius* à Wittemberg, je n'ai pas manqué d'en faire la comparaison avec ceux de Berlin & de Sagan. J'ai vu d'abord que l'échelle n'étoit pas la même, mais que le nombre des degrés différoit bien au-delà du double, l'hygrometre de Wittemberg ayant varié depuis le 58me degré jusqu'au 604me. J'ai donc pris les termes moyens pour chaque mois, & en les comparant à ceux que donne la premiere Table j'ai trouvé que le zéro de mon hygrometre devoit correspondre au degré — 150 de l'hygrometre de Mr. *Titius*, & que le 360me degré du mien devoit correspondre au 788me du sien, de sorte que l'hygrometre de M. *Titius* parcourt 938 degrés pendant que le mien fait le tour entier de 360 degrés. Le rapport est à très peu près comme 13 à 5, de sorte que 13 degrés de l'hygrometre de M. *Titius* équivalent à 5 du mien. Du reste cette comparaison peut très bien n'être pas tout à fait exacte. Elle se fonde sur ce que le tems sec de l'été est à peu près au même degré à Wittemberg & à Berlin, & que réciproquement le tems humide de l'hyver est à peu près également humide dans ces deux endroits. Ce dernier énoncé est plus sujet à caution que le premier, surtout lorsqu'on ne veut comparer que les degrés observés pendant quelques semaines. Mais comme j'ai fait la comparaison pour 13 mois consécutifs, l'un portant l'autre, j'ai lieu de croire qu'elle sera assez juste. Elle l'est encore assez pour le but que je me propose & qui est que moyennant cette réduction l'analogie de la marche des hygrometres à Sagan, à Wittemberg & à Berlin se voie mieux que si je laissois les degrés de celui de Wittemberg deux ou trois fois plus grands que ceux des hygrometres de Sagan & de Berlin. La quatrieme Table renferme les degrés de l'hygrometre de Wittemberg réduits d'après ceux que Mr. *Titius* a observés chaque jour le matin. Pour comparer ces degrés avec ceux de la premiere & de la troisieme Table, il faudroit les dessiner dans la même Figure, ce qui rendroit la Figure trop chargée & trop confuse. J'ai cependant dessiné la courbe qui représente la marche de l'hygrometre de Wittemberg depuis le 8 Janvier jusqu'au 19 Février, où cela pouvoit se faire sans confusion à cause de la différence assez considérable qu'il y avoit alors entre l'humidité des trois endroits. Or on voit que malgré cette différence la marche des trois hygrometres ne laissa pas de conserver un parallélisme très marqué. Il s'en faut de beaucoup que ce parallélisme soit aussi visible dans les nombres de la premiere, troisieme & quatrieme Table, qu'il l'est dans la Figure. Car en ne comparant des nombres qu'en gros on seroit porté à croire qu'il n'y a aucun rapport entre la marche des trois hygrometres. Dans la Figure ce rapport saute d'abord aux yeux. Voici maintenant les degrés moyens de

ces

ces trois hygrometres pour chaque mois, c'est à dire les quotiens qui résultent de la division de la somme des degrés observés par le nombre des observations ou des jours.

	Mois.	Berlin	Wittemberg	Sagan
1771	Novembre	155	169	164
	Décembre	145	141	175
1772	Janvier	140	112	200
	Février	129	106	199
	Mars	136	178	212
	Avril	233	232	238
	Mai	241	243	226
	Juin	263	265	265
	Juillet	252	253	234
	Août	238	248	248
	Septembre	239	242	239
	Octobre	222	224	222
	Novembre	195	213	220
	Somme	2588	2626	2842
	Degré moyen	199	202	219

Il résulte de cette Table que l'hyver à Sagan a été considérablement moins humide qu'à Berlin & à Wittemberg. Ce n'est pas que je croie qu'il y ait eu moins de pluie; mais les inondations furent dans les deux derniers endroits d'une plus longue durée qu'à Sagan, le sol de Sagan étant beaucoup plus élevé que celui de Berlin & de Wittemberg. Ainsi l'hyver de 1771 à 1772 à Sagan approche plus de l'état moyen qui doit résulter de la comparaison d'un grand nombre d'années, que le même hyver à Berlin & à Wittemberg. En récompense l'automne, qui étoit à peu près également seche dans les trois endroits, l'étoit néanmoins beaucoup plus que dans une année ordinaire. C'étoit une des plus belles automnes que nous eussions eues depuis longtems. Aussi les nouvelles publiques font foi qu'il en a été de même dans des pays fort éloignés, ce qui fait encore voir que les grandes variations qui arrivent dans l'humidité de l'air s'étendent dans un grand district de l'hémisphere que nous habitons.

Comme les années précédentes je me suis borné à marquer les degrés extremes du sec & de l'humide, je suppléerai au défaut d'observations non interrompues par celles qui se trouvent rapportées dans le N°. 381 des Transactions de la Société Royale des Sciences de Londres. Elles sont de Mr. *Crucquius*, qui observa pendant les années 1721, 1722, 1723 le poids d'une petite éponge imprégnée de sel ammoniac. Voici pour ces trois années les termes moyens pour chaque mois.

Janv.	86	Juillet	61.
Févr.	82.	Août	65.
Mars	76	Sept.	69.
Avril	68	Oct.	74.
Mai	63	Nov.	82.
Juin	61	Déc.	85.

Ces trois années different assez peu l'une de l'autre, de sorte que ces termes moyens approchent fort de ceux qui résulteroient d'une plus longue suite d'observations. Ils expriment le poids de l'éponge. Cela fait que pour compter les degrés de l'humide vers le sec, il faut les soustraire du terme moyen du mois de Janvier, qui est le plus grand. Nous aurons donc

Janv.	0	Juillet	25
Févr.	4	Août	21
Mars	10	Sept.	17
Avril	18	Oct.	12
Mai	23	Nov.	4
Juin	25	Déc.	1

Ces nombres croissent & décroissent à très peu près comme les degrés moyens de la chaleur, à cette exception près que les degrés extremes de la chaleur tombent 4 ou 5 semaines après les solstices, au lieu que les degrés extremes de l'hygrometre coïncident, ou peu s'en faut, avec ces points cardinaux de l'écliptique. Les termes moyens du thermometre de Mr. *Crucquius* pour chaque mois sont

Janv.	1083	Juillet	1137
Févr.	1085	Août	1140
Mars	1090	Sept.	1130
Avril	1180	Oct.	1114
Mai	1122	Nov.	1099
Juin	1134	Déc.	1090

C'étoit un thermometre à air, dont la dilatation 1070 répondoit au terme de la glace, & la dilatation 1510 au terme de l'eau bouillante.

Pour comparer d'autant plus facilement la marche de ce thermometre avec celle de l'hygrometre, j'ai dessiné l'une & l'autre dans une Figure. De cette maniere on voit d'un seul coup d'œil, que l'hygrometre dévance le thermometre, mais beaucoup plus au printems que vers l'automne. Les beaux jours qui ordinairement précédent l'équinoxe y contribuent efficacement. Et surtout en Hollande ce sont ces beaux jours du printems qu'il faut choisir lorsque du haut du clocher d'une ville on veut voir distinctement les villes & les villages des environs. Au contraire les beaux jours de l'automne amenent ordinairement la rosée de la nuit, les bruines & les brouillards des matinées.

Les ordonnées pour la courbe, tant de l'hygrometre que du thermometre sont une fonction de la longitude du Soleil de la forme

$$y = A + B \sin \lambda + C \cos \lambda + D \sin 2\lambda + E \cos 2\lambda + \&c.$$

On voit, par la Figure, que cette suite doit être fort convergente, & que pour trouver ces ordonnées à très peu près, on peut se contenter du terme

$$y = B. \sin \lambda$$

lorsqu'on prend le commencement des abscisses là où la courbe en montant coupe l'axe; ce qui, à l'égard de la courbe dessinée pour l'hygrometre, arrive fort près du jour de l'équinoxe du printems, le 23 ou 24 Mars. Cette formule représentera assez bien les variations annuelles moyennes de l'humidité. En supposant pour l'hygrometre A les degrés 110, 270

comme termes moyens répondans au 23 de Décembre & de Juillet, je trouve les termes moyens pour les mêmes jours de

Janv.	120	Juillet	260
Févr.	150	Août	230
Mars	190	Sept.	190
Avril	230	Oct.	150
Mai	260	Nov.	120
Juin	270	Déc.	110.

L'hygrometre de Mr. *Crucquius* ayant été fait d'une éponge il convient de voir comment ces sortes d'hygrometres correspondent avec ceux qui sont faits de cordes de boyaux. Je rapporterai les observations que j'ai faites là-dessus en 1752 à Coire dans le pays des Grisons. Au mois de Septembre de cette année je pris une éponge nette du poids de 210 grains. Après l'avoir imprégnée de sel de tartre le poids en fut augmenté jusqu'à 255. Je suspendis cette éponge à une de ces balances que j'ai décrites dans le 3me Volume des *Acta helvetica*, & qui indiquent le poids d'elles-mêmes. Je plaçai à côté un hygrometre dont la corde avoit 43 lignes de longueur & $\frac{2}{5}$ ligne de diametre. Voici les observations pour les heures du matin.

1752	Eponge.	Corde.	1752	Eponge.	Corde.	1752	Eponge.	Corde.
Sept. 30	255	220	Oct. 17	256	260	Nov. 3	247	208
Oct. 1		—	18	252	195	4	242	235
2		—	19	249	208	5	240	242
3	260	174	20	250	200	6	244	213
4	262	170	21	255	165	7	249	175
5	265	157	22	254	183	8	242	233
6	275	98	23	249	200	9	236	273
7	278	120	24	248	208	0	242	210
8	279	125	25	246	213	11	242	230
9	269	162	26	243	235	12	243	223
10	262	170	27	240	235	13	238	240
11	252	200	28	242	235	14	234	267
12	249	220	29	244	225	15	236	245
13	259	157	30	240	258	16	238	245
14	260	169	31	243	230	17	241	207
15	258	175	Nov. 1	241	233	18	244	200
16	260	168	2	245	217	19	247	190

On verra mieux dans la seconde Figure que par ces nombres jusqu'à quel point la marche de ces deux hygrometres étoit correspondante. La ligne pointée est pour l'éponge. Ses ordonnées sont prises sur l'échelle de derriere. L'autre courbe est pour la corde, & ses ordonnées sont prises sur l'échelle de devant. On trouve sans peine que l'hygrometre à éponge seche & s'humecte avec moins* de vitesse. De là vient par ex. que le 6 & le 7 Novembre il alla encore vers l'humide tandis que la corde tournoit déjà vers le sec. De là vient encore que partout où la variation de l'humidité de l'air est subite, l'éponge n'indique qu'une partie de cette variation. On voit dans la Figure, que les inflexions de la courbe pointée sont toujours moins grandes que celles de la courbe dessinée pour la corde. Voici encore une autre preuve.

En 1755 au mois d'Octobre je lavai cette éponge pour en faire sortir le sel & la poussiere dont elle étoit chargée. Je la suspendis de nouveau à la même balance, & j'en trouvai le poids de 540 grains. C'étoit le 28 Octobre 1755 à 11 heures & demie du matin. Le 29 à la même heure elle pesa encore 398 grains. Le 30 à la même heure son poids fut encore de 286 grains. Le 31 à 8 heures 20 minutes elle pesa 243 grains & à 2 heures 40 minutes après midi son poids fut de 232 grains. Cette éponge séchoit donc avec beaucoup de lenteur, quoique depuis le 28 Octobre qui étoit un jour couvert & en partie pluvieux, le tems se remît au beau, & que l'hygrometre à corde tournât vers le sec. Cela devoit accélérer le desséchement de l'éponge, & néanmoins il fallut quatre jours de tems pour le produire. Du reste cette éponge étoit fort grosse, pesant $3\frac{1}{2}$ jusqu'à $4\frac{1}{2}$ dragmes. Si elle n'avoit pesé qu'une dragme, elle auroit eu plus de surface rélativement au volume, & cela auroit accéléré assez sensiblement les variations de son poids. On peut voir les expériences que j'ai faites à ce sujet, dans l'Essai d'hygrométrie qui se trouve dans les Mémoires de l'Académie pour l'année 1769. Avec tout cela la petite éponge que j'ai employée alors & qui pesoit 39 grains, demande un jour entier, même dans le tems le plus sec, pour perdre 53 grains d'humidité. C'est ce que me fit voir une expérience faite le 23 Juin 1772. Cette éponge humectée avec de l'eau pesoit 88 grains; elle sécha jusqu'au lendemain, où à une heure après midi son poids fut de 35 grains; de sorte qu'elle perdit les 53 grains d'eau dont je l'avois imprégnée le jour précédent à 6 heures du matin. Voici l'expérience complette.

Tems.	Poids de l'éponge.	Poids de l'eau.	Hygrom. *A*	Therm. de Réaumur.
0h. 0'	88	53	330	17,0
0, 41	85	50		
1, 46	81	46		
2, 27	78½	43½	328	17,7
2, 46	77½	42½	327	17,8
3, 17	76	41	328	18,0
4, 57	68	33	331	18,6
6, 14	62½	27½	334	18,9
7, 9	58½	23½	338	19,2
10, 3	48	13	347	19,2
10, 36	46½	11½	347	19,1
11, 6	44	9	347	19,2
11, 41	44	9	347	19,0
12, 8	43	8	347	19,0
13, 26	40	5	347	19,0
16, 16	37	2	345	19,0
23, 22	35½	1½	340	18,0
31, 6	35	0	347	20,0

Les cordes de boyaux demandent moins de tems pour acquérir ou perdre l'humidité. Cependant il faut toujours pour cela plusieurs heures, surtout lorsqu'elles ne sont pas très minces. Cela fait encore que l'humidité de l'air change en effet plus fortement que les hygrometres à corde ne l'indiquent. J'entens lorsque la variation est subite, ou lorsque l'air en peu d'heures de tems devient alternativement plus sec & plus humide. Car dès qu'il s'agit de plusieurs jours, alors l'hygrometre à boyau suit les variations de l'humidité de l'air, comme dans la Figure la courbe pour l'hygrometre à éponge suit celle que j'ai dessinée pour l'hygrometre à corde. Il y auroit bien moyen de calculer les variations de l'humidité de l'air, celles de l'hygrometre étant données, mais il faudroit auparavant connoître la loi suivant laquelle les cordes de boyaux acquierent & perdent l'humidité. Or cela n'est pas facile. J'ai donné dans le premier Essai des expériences qui pouvoient répandre quelque jour sur cette matiere, mais sans les pousser au point de pouvoir y appliquer quelque formule. Je vais donc exposer quelques-unes de celles que j'ai faites depuis.

La difficulté de trouver deux points d'humidité qui soient fixes, me fit venir l'idée de chercher un de ces points dans l'eau même, c'est à dire de suspendre une corde à boyau dans l'eau & de voir jusqu'à quel point elle se détortilleroit. Je vis d'avance qu'il n'étoit pas indifférent de donner à l'eau un degré de chaleur quelconque, mais qu'il falloit s'en tenir à un degré fixe, & qui approche fort du tempéré. Car si l'eau avoit une chaleur assez grande pour fondre la graisse qui reste toujours encore dans les cordes, la corde pourroit se détortiller au point de perdre entierement la force qu'elle a de se tordre en séchant. J'ai trouvé à cet égard des phénomenes assez singuliers. Une corde de boyau de 18 lignes de longueur, coupée du même bout que j'ai nommé la grosse corde dans mon premier Essai, se détortilloit de 1320 degrés dans l'eau qui n'avoit que 10 degrés de Réaumur de chaleur. Ce fut le 5 Mai 1772 à 5 heures du matin. En la suspendant ensuite dans l'eau qui avoit 45 degrés de chaleur, elle tourna 40 degrés & plus vers le sec. Je la retirai pourtant bientôt pour la laisser sécher. Cela n'arriva pas le 8 Mai, où l'eau avoit plus de 60 degrés de chaleur. C'étoit alors une corde mince de $11\frac{3}{4}$ lignes de longueur. Elle se détortilloit dans l'eau tempérée de 885 degrés, & après l'avoir suspendue dans l'eau chaude, elle fit en moins de deux minutes encore 3 ou 4 tours en se détortillant d'avantage, après quoi elle s'arrêta, ou ne tourna que très lentement. Je la retirai de l'eau, & je trouvai son diametre, qui d'abord n'étoit que de 0,38 lignes, grossi de telle sorte qu'il étoit de 0,7 lignes, c'est à dire presque du double. En séchant elle ne fit qu'un tour de 540 degrés. A l'égard des cordes que je suspendis dans l'eau tempérée, il y en avoit qui en séchant s'entortilloient au delà de ce dont elles ne s'étoient pas détortillées dans l'eau. D'autres revinrent au même point, & d'autres enfin resterent en arriere. Il est clair que c'est dans les cordes elles-mêmes qu'il faut chercher la cause de ces différens effets. L'état des cordes est naturellement un état forcé, & les cordiers ne se donnent gueres la peine de les tordre également dans toute leur longueur. J'en infere qu'une corde, après s'être détortillée dans l'eau, se remet en séchant dans un état d'équilibre qui, à plusieurs égards, vaut mieux que celui que le cordier l'avoit forcée de prendre.

Voici maintenant comment j'ai fait ces sortes d'expériences. *ABC*
3. est un fil de fer ou de cuivre jaune, auquel j'affermis en *B* avec de la cire d'Espagne une corde de boyau *BD*, à laquelle étoit pareillement affermi en *D* une aiguille *EF*. Le fil de fer *ABC* étoit courbé en *A*, *C*, en sorte qu'en le posant sur le bord du verre toute la corde *BD* étoit au-dessous de la surface de l'eau *GH* que j'y avois versée. De cette maniere la circonférence du verre pouvoit en *EF* être divisée en degrés; soit avec de l'encre, soit en y collant un papier. Mais ordinairement je me bornai à la diviser en quatre parties, c'est à dire de 90 en 90 degrés, & de marquer le tems où l'aiguille avoit fait chaque quart de tour. Pour compter d'autant plus facilement le nombre des tours j'attachai un fil de lin au fil de fer entre *AB*, & l'autre bout de ce fil fut attaché à l'aiguille entre *ED*. De cette maniere l'aiguille, en tournant, tourna ce fil tour autant de fois autour de la corde qu'elle fit de tours entiers, & il fut facile de les compter. C'est de la même maniere que Mr. le Professeur *Titius* arrangea ses hygrometres, dont les cordes étoient assez longues pour faire quatre tours du tems le plus humide au tems le plus sec.

Ces sortes d'expériences pouvoient servir à trouver de quelle maniere & combien de fois les cordes de différentes grosseur & longueur suspendues dans l'eau, chaude à un degré donné, tourneroient en se détortillant, & comment elles tourneroient en arriere, ou se tordroient, lorsqu'après les avoir retirées de l'eau, on les suspendroit pour les laisser sécher. Mais je voulois encore voir quel étoit le rapport entre les tours que fait une corde en séchant & le poids de l'humidité qui s'y trouve. Pour cet effet je pris une corde de boyau de $\frac{71}{100}$ ligne de diametre & de plus de 4 pouces de longueur.

gueur. J'attachai un fil de lin très mince par les deux bouts de la corde, en ſorte que ce fil fût aſſez long pour faire une dixaine de tours autour de la corde. Je ſuſpendis cette corde dans l'eau, dont la chaleur n'étoit que de 9 degrés de Réaumur, & je marquai le tems qu'elle employa pour chaque tour que le bout d'en bas fit en ſe détortillant. Ce fut le 15 Novembre 1772 le matin à 8 heures 39 minutes que je commençai cette expérience. En voici le réſultat

Tems h. m.	Nombre de tours.
0. 0	0
0. 16	1
0. 25	2
0. 33	3
0. 41$\frac{1}{2}$	4
0. 52	5
1. 33	6
1. 53	6$\frac{1}{2}$
2. 26	7
4. 21	8
5. 21	8$\frac{1}{3}$

La corde avant que d'être ſuſpendue dans l'eau ne peſoit que 3$\frac{9}{10}$ grains, mais après l'avoir retirée de l'eau à 2 heures après midi elle peſoit 7$\frac{7}{10}$ grains, & ſon diametre étoit 1$\frac{1}{23}$ ligne. Elle avoit fait dans l'eau 8$\frac{1}{3}$ tours. Je la ſuſpendis à une balance, afin d'obſerver en combien de tems elle perdroit chaque $\frac{1}{10}$ grain d'humidité, & de combien elle retourneroit en arriere. Voici le détail de ces obſervations.

Tems.	Tours.	Poids.		Tems.	Tours.	Poids.
$2^h.0'$	8.120	7,7		3.57	6.170	5,5
8	8.110	7,4		4.5	6.110	5,4
14	8.85	7,3		12	6.40	5,3
18	8.75	7,2		18	6.10	5,2
23	8.70	7,1		24		5,1
27	8.60	7,0		51	5.120	4,8
32	8.50	6,9		5.4	5.70	4,7
37	8.40	6,8		18	5.6	4,6
42	8.30	6,7		35	4.290	4,5
47	8.0	6,6		53	4.210	4,4
52	7.330	6,5		6.20	4.140	4,3
57	7.290	6,4		53	4.90	4,2
3.4	7.230	6,3		7.50	4.10	4,1
9	7.180	6,2		8.44	4.0	
15	7.150	6,1		9.5	3.340	4,0
21	7.95	6,0		19.0	3.300	3,95
31	6.340	5,9				
38	6.300	5,8				
44	6.260	5,7				
53	6.190	5,6				

On comprend sans peine qu'il n'étoit gueres possible de déterminer précisément le tems où la corde pesoit juste un certain nombre de dixiemes parties de grain. D'un autre côté il n'étoit pas facile non plus de juger de combien de degrés le bout inférieur de la corde avoit tourné au delà d'un certain nombre de tours. Il pouvoit y en avoir plus ou moins. Ainsi il faut songer à compenser l'un par l'autre. Pour cet effet j'aurai encore recours à la construction, & je le ferois, ne fût-ce même que pour voir d'un coup d'œil ce qu'on ne déduiroit qu'avec moins de clarté des nombres que l'expérience a fournis. Ce que ces nombres font voir sans peine, c'est que la corde à la fin perdit son humidité en sorte qu'elle parvint à n'avoir plus que le poids qu'elle avoit avant que d'être suspendue dans l'eau. On voit aussi qu'au lieu que dans l'eau elle avoit fait $8\frac{1}{3}$ tours, en séchant elle ne parvint en se tordant qu'au $3\frac{5}{6}^{me}$ tour, de sorte qu'elle resta plus détortillée qu'elle n'avoit été avant d'être suspendue dans l'eau. Je trouvai son diametre de $\frac{8}{11}$ ligne, & sa longueur de $45\frac{3}{4}$ lignes, de sorte qu'en séchant elle s'étoit considérablement raccourcie, puisqu'elle avoit 53 lignes de longueur lorsque je la retirai de l'eau.

Soit maintenant la droite *AB* divisée en heures & en minutes de tems, j'ai construit les deux courbes *CD*, *CM*. Les ordonnées de la premiere représentent le nombre de tours & de degrés qui en chaque moment restoient encore à faire. Les ordonnées de la seconde courbe désignent le poids de l'eau qui restoit encore dans la corde. Les nombres de la Table donnoient à la premiere courbe une inflexion assez réguliere. Mais la seconde avoit une inflexion anomale que j'ai indiquée par des points près de *E*. Cette irrégularité vient probablement de la balance qui ne pouvoit pas avoir toujours la même position, parce qu'il falloit toujours y mettre & en ôter des dixiemes de grain. Quoi qu'il en soit, l'irrégularité qui en résulte est facile à reconnoitre & à corriger. C'est ce que j'ai fait en tirant la courbe conformément à ce que tous les autres points demandoient.

Ces courbes font voir d'un coup d'œil que les tours que fit la corde en séchant ne sont pas en raison simple du poids de l'humidité. L'humidité s'évapore toujours plus lentement, au lieu que la corde tourne d'abord avec une vitesse uniformément accélérée, qui ensuite devient égale ou constante près du point d'inflexion de la courbe *CD*, & qui enfin se rallentit en sorte que la courbe *CD* devient asymptotique.

J'ai déjà remarqué dans mon premier Essai, qu'une corde toute mouillée doit perdre une partie de son humidité avant qu'elle puisse avoir l'élasticité requise, pour se tordre avec quelque vitesse. Elle n'acquiert cette vitesse que peu à peu. Il se peut même qu'après avoir été retirée de l'eau, elle ne commence à se tordre qu'au bout d'un certain tems. Dans cette expérience j'ai raccourci ce tems, parce qu'après avoir retiré la corde de l'eau je la couchai sur un papier brouillard qui emporta d'abord l'humidité de la surface de la corde. De là vient que la courbe *CD* commence depuis le point *C* à s'abaisser vers l'axe *AB*, ce qui ne seroit pas arrivé si j'avois laissé l'humidité qui couvroit sa surface.

La courbe CD étant en C parallele à l'axe AB, & baissant d'abord en raison du quarré du tems, l'équation pour une ordonnée quelconque peut être représentée par

$$y = \frac{a}{1 + b\tau^2 + c\tau^4 + \&c.}$$

Dans cette expression τ dénote le tems, y une ordonnée quelconque, a l'ordonnée initiale. Il s'agit de déterminer les coëfficiens b, c, d &c. Pour cet effet j'ai mesuré les ordonnées d'heure en heure, & je les trouve

τ	y
0	1590
1	1380
2	880
3	490
4	225
5	110
6	60

Ces nombres peuvent être assez exactement exprimés par la formule

$$y = \frac{3180 \cdot \tau}{e^{\tau} - e^{-\tau}}.$$

Car on trouve

τ	y calc.	y exp.	diff.
0	1590	1590	0
1	1553	1380	+ 27
2	878	880	− 2
3	476	490	− 14
4	233	225	+ 8
5	107	110	− 3
6	47	60	− 13

Ces différences entre le calcul & l'expérience sont assez petites & assez irrégulieres pour pouvoir être attribuées aux difficultés d'observer à quelques degrés près le nombre de tours que la corde fit en se tordant. Elles peuvent encore être diminuées en posant généralement

$$y = \frac{3180 n\tau}{e^{n\tau} - e^{-n\tau}}$$

& en déterminant n par l'expérience. Car ici ce n'est que par des circonstances particulieres que ce coëfficient n ne differe que très peu de l'unité. La formule générale

$$y : 2a = \frac{n\tau}{e^{n\tau} - e^{-n\tau}}$$

fait voir que la courbe CD reste toujours la même pour des cordes plus ou moins grosses. Car le tems $n\tau$ croît en raison du tems τ, & les ordonnées y sont proportionelles à l'ordonnée initiale a. Ainsi la courbe CD étant une fois construite, il n'y a qu'à changer d'échelle tant pour les abscisses que pour les ordonnées, pour l'appliquer à toutes sortes de cordes. Car on aura en général

$n\tau$	$y : 2a$
0	1, 00000
1	0, 85092
2	0, 55143
3	0, 29946
4	0, 14931
5	0, 06738
6	0, 02975

Voici maintenant encore quelques expériences.

Le 9 Mai 1772, je coupai de la corde mince un bout de 11$\frac{3}{4}$ lignes en long & je le suspendis dans l'eau tempérée, depuis 2 heures 13 minutes après midi jusqu'à 7 heures du soir, où je le retirai pour le laisser sécher. J'observai le tems qu'il employa pour chaque quart de tour.

Dans l'eau. tems		degrés.	Dans l'air. tems		degrés.
h.	m.		h.	m.	
0.	0	− 90	0.	0	912
0.	5$\frac{1}{2}$	+ 0	0.	9	900
0.	9	+ 90	0.	21	810
0.	11$\frac{3}{4}$	+ 180	0.	27	720
0.	13$\frac{7}{8}$	+ 270	0.	32$\frac{1}{2}$	630
0.	15$\frac{3}{4}$	+ 360	0.	37$\frac{7}{8}$	540
0.	18	+ 450	0.	44$\frac{1}{4}$	450
0.	21	+ 540	0.	53	360
0.	34	+ 630	1.	3$\frac{1}{4}$	270
0.	50	+ 720	1.	23$\frac{1}{2}$	180
0.	79	+ 810	10 Mai, matin		90
1.	47	+ 900			
2.	32	+ 912			

Cette corde devoit dans l'air retourner jusqu'au — 40me degré, ainsi elle resta en arriere de 90 + 40 = 130 degrés. Mais d'un autre côté elle étoit parvenue par là au degré d'élasticité qui lui est naturel, puisqu'elle se l'étoit donné elle-même. Il s'agissoit néanmoins de voir si l'expérience confirmeroit cette façon d'envisager la chose.

Pour cet effet je la suspendis de nouveau dans l'eau le 11 Mai suivant depuis les 6 heures 55 minutes du matin jusqu'à 2 heures 35 minutes après midi, où je la retirai pour la laisser sécher. Voici comment elle fit chaque quart de tour

Dans l'eau		Dans l'air	
tems	degrés	tems	degrés
h. m.		h. m.	
0. 0	+ 80	0. 0	912
0. 5	90	0. 5	900
0. $9\frac{1}{4}$	180	0. 13	810
0. $12\frac{3}{4}$	270	0. 19	720
0. $16\frac{5}{8}$	360	0. $23\frac{1}{2}$	630
0. 21	450	0. 29	540
0. $26\frac{1}{2}$	540	0. 34	450
0. $33\frac{1}{3}$	630	0. $42\frac{1}{2}$	360
0. 44	720	0. 51	270
1. 2	810	1. 9	180
7. 40	912	2. 36	90
		5. 25	85
		&c.	

Ici donc la corde dans l'eau se détortilla jusqu'au même degré où elle étoit parvenue le 9 Mai, & encore dans l'air elle se remit au 85 degré, de sorte qu'il ne lui resta à parcourir encore que 5 degrés pour retourner au point où elle avoit été le matin. Ce jour-là le tems étoit couvert & se préparoit à la pluie qui le 12 Mai dura toute la journée.

Je répétai avec la même corde la même expérience le 16 Mai 1772 en la mettant dans l'eau depuis 2 heures 16 minutes après midi jusqu'à 7 heures 45 minutes du soir, où je la laissai sécher. La corde tourna de la maniere suivante:

Dans l'eau			Dans l'air		
têms		degrés	tems		degrés
h.	m.		h.	m.	
0.	0	130	0.	0	920
0.	$7\frac{1}{2}$	180	0.	17	880
0.	$11\frac{1}{2}$	270	0.	26	810
0.	$15\frac{3}{8}$	360	0.	33	720
0.	$19\frac{1}{2}$	450	0.	47	540
0.	$24\frac{1}{2}$	540	1.	2	360
0.	$30\frac{1}{4}$	630	1.	32	180
0.	39	720	2.	22	90
0.	53	810	12.	15	70
1.	50	900			
4.	9	912			
5.	29	920			

Dans cette expérience la corde étoit d'abord elle-même plus humide que les deux premieres fois, néanmoins elle se détortilla dans l'eau à 8 degrés près au point où elle étoit parvenue dans les deux premieres expériences. Elle sécha de 20 degrés plus que la premiere fois & de 15 degrés plus que la seconde. Ces différences sont petites en comparaison du grand nombre de degrés que la corde avoit parcourus, dans chacune de ces expériences. Du reste l'air fut de 40 à 50 degrés des hygrometres *A*, *B* plus humide le 16 Mai, qu'il ne l'étoit le 9 & 10 du même mois.

J'ai encore fait une expérience semblable le 4 & le 5 Mai avec un autre bout de la même corde, long de $11\frac{3}{4}$ lignes. Je le suspendis dans l'eau le 4 Mai, à 10 heures 13 minutes du matin, & le retirai le 5 Mai à 6 heures 34 minutes du matin pour le laisser sécher. Voici comment il tourna.

Dans l'eau

tems h. m.	degrés
0. 0	0
0. $4\frac{1}{2}$	90
0. 7	180
0. 9	270
0. $10\frac{1}{2}$	360
0. 13	450
0. 15	540
0. 18	630
0. 21	675
0. 32	700
0. 42	760
0. 49	800
1. 7	860
1. 30	910
1. 54	940
2. 42	950
4. 7	960
20. 21	960 +

Dans l'air

tems h. m.	degrés
0. 0	960 +
0. 20	900
0. 29	810
0. 35	720
0. $41\frac{1}{2}$	630
0. 47	540
0. 54	450
1. $1\frac{1}{2}$	360
1. $11\frac{1}{2}$	270
1. 29	180
2. 19	90
3. 24	45

Cette corde parcourut donc dans l'eau 960 degrés. Celle du 9 Mai parcourut 40 + 912 = 952 degrés. La différence est de 8 degrés, & pouvoit être bien plus grande. Car on voit bien qu'une corde d'un pouce environ de longueur ne peut gueres être coupée en sorte qu'elle ait à une $\frac{1}{120}$ partie près la même longueur qu'une autre déjà coupée. Et quoiqu'elles soient coupées d'un même bout, il ne s'ensuit pas qu'elles soient également tordues. L'effet fait voir que cela n'étoit pas. Car en séchant, la corde du 9 Mai resta en arriere de 130 degrés, celle du 5 Mai ne resta en arriere que tout au plus de 45 degrés. Nous verrons ensuite ce qu'il y avoit d'anomal dans ces cordes lorsqu'elles se détortilloient dans l'eau, surtout la premiere fois. Il s'agit d'abord de revenir à notre formule pour en faire l'application au dessèchement de ces cordes.

5. J'ai construit dans la cinquieme Figure les courbes dont les ordonnées représentent le dessèchement de la corde employée le 9, le 11 & le 16 Mai 1772. Ces courbes ne coïncident pas, & c'est de quoi on peut alléguer une double raison. En premier lieu elles sont construites sur une même

même échelle, & comme la corde n'a pas toujours parcouru un même nombre de degrés, cela fait que les ordonnées initiales ne sont pas égales, & par conséquent les autres ordonnées ne sauroient l'être non plus. En second lieu le moment où la corde, après avoir été retirée de l'eau & essuyée avec un papier gris, commençoit à tourner, ne pouvoit pas être observé exactement. Je ne puis pas dire non plus que la corde ait été chaque fois également essuyée. De là il suit que le point A n'est pas le vrai commencement des abscisses, ou que s'il l'est par ex. pour la courbe intermédiaire CM, il ne l'est pas pour les deux autres. Mais je dois d'abord dire que

CM est la courbe pour l'expérience du 9 Mai,

cm celle pour le 11 Mai,

dn celle pour le 16 Mai.

La courbe CM ne paroit pas non plus avoir la droite AB pour son axe, puisqu'elle s'en approche beaucoup plus lentement que les deux autres. J'avois laissé la corde suspendue pendant toute la nuit du 9 au 10 de Mai, de sorte que la derniere observation fut faite le 10 le matin. Mais je ne saurois dire si le degré d'humidité de l'air n'a pas varié pendant la nuit. Ce que je trouve dans mes régîtres météorologiques, c'est que l'hygrometre H qui le 9 dans la matinée marqua le 265me degré, marqua le soir le 280me, de sorte que l'air devint plus sec. Quoi qu'il en soit c'est aux deux autres courbes cm, dn que je m'en tiendrai principalement.

Comme le commencement des abscisses est incertain il nous faut une ordonnée de plus pour y appliquer la formule

$$y : 2a = \frac{n\tau}{e^{n\tau} - e^{-n\tau}}.$$

Cela n'empêche pas cependant que l'ordonnée Ad ne puisse être regardée comme à très peu près égale à l'ordonnée initiale. Car pendant les premieres minutes ces ordonnées ne varient que très insensiblement. Je regarde donc la longueur de l'ordonnée initiale comme donnée. Dans l'expérience du 16 Mai elle est $= 850$ degrés $= a$. Pour avoir encore deux autres ordonnées je fais $n\tau = 1$, & $n\tau = 4$, & je trouve les ordonnées répondantes

$$y = \frac{1700}{e - e^{-1}} = 723$$

$$y = \frac{6800}{e^4 - e^{-4}} = 254.$$

Or après avoir conſtruit la courbe dn ſur un plus grand papier, je trouve que l'ordonnée 723 répond à $27\frac{1}{2}$ minutes de tems pris ſur l'abſciſſe AB. L'ordonnée 254 ſe trouva pareillement répondre à 1 heure 27 minutes ou 87 minutes. La différence $87 - 27\frac{1}{2} = 59\frac{1}{2}$ eſt égale à $\frac{3}{n}$, ce qui donne $n = \frac{1}{19\frac{5}{6}}$; de ſorte que le tems de $19\frac{5}{6}$ minutes doit être regardé comme l'unité. Souſtrayons encore ces $19\frac{5}{6}$ minutes des $27\frac{1}{2}$ minutes, il reſte $7\frac{2}{3}$ minutes & c'eſt le tems qui s'écoula avant que la corde commençât à tourner. Nous aurons donc

$$y = \frac{1700(\tau - 7\frac{2}{3}) : 19\frac{5}{6}}{e^{(\tau - 7\frac{2}{3}) : 19\frac{5}{6}} - e^{-(\tau - 7\frac{2}{3}) : 19\frac{5}{6}}}.$$

En prenant les tems τ tels que l'expérience les donne, on trouvera par cette équation les valeurs de y, auxquelles il faut ajouter les 70 degrés qui ont été ſouſtraits, & on aura

Tems h. m.	degrés calculés	degrés obſervés	diff.
0. 0	920	920	0
0. 17	890	880	+ 10
0. 26	810	810	0
0. 33	726	720	+ 6
0. 47	543	540	+ 3
1. 2	372	360	+ 12
1. 32	173	180	− 7
2. 22	83	90	− 7

Les différences ſont ici plus petites que dans l'expérience rapportée ci-deſſus.

De la même maniere j'ai trouvé pour l'expérience du 11 Mai

$$y = \frac{1654(\tau + 1,7) : 15,7}{e^{(\tau + 1,7) : 15,7} - e^{-(\tau + 1,7) : 15,7}}$$

& en ajoutant les 85 degrés qui ont été soustraits on a

Tems h. m.	degrés calculés	degrés observés	diff.
0. 0	911	912	— 1
0. 5	887	900	— 13
0. 13	802	810	— 8
0. 19	704	720	— 16
0. 23½	657	630	+ 27
0. 29	552	540	+ 12
0. 34	476	450	+ 25
0. 42½	365	360	+ 6
0. 51	279	270	+ 9
1. 9	167	180	— 13
2. 36	93	90	+ 3

Ici les différences sont un peu plus grandes que dans l'expérience précédente, mais toujours assez petites pour laisser indécis si c'est à la formule ou aux irrégularités de l'expérience elle-même qu'elles doivent être attribuées, d'autant plus que je n'ai marqué le tems qu'en minutes & demi-minutes. Ce que je puis remarquer à cet égard c'est que la formule

$$y = \frac{2an\tau}{e^{n\tau} - e^{-n\tau}}$$

renfermant des quantités exponentielles, il n'y a gueres moyen d'appliquer à ces expériences quelque autre équation. La corde perd son humidité en sorte qu'enfin la quantité qui s'évapore dans un instant donné doit devenir proportionelle à l'humidité qui y reste. Par là les courbes dn, CM, cm ont une courbe logarithmique pour asymptote. Elles seroient entierement logarithmiques si l'humidité dans la corde étoit dès le commencement distribuée en sorte que la quantité qui s'évapore dans chaque instant pût être proportionelle à la quantité qui reste, & que la corde pût tourner dans la même proportion. Mais comme d'abord la corde est mouillée au point de n'avoir plus de force élastique, cette force ne lui revient qu'à mesure qu'elle seche. D'abord l'élasticité s'accroît assez uniformément & cela fait que le mouvement qui en résulte doit croître avec une vitesse accélérée. Cette vitesse cependant ne s'accroît que jusqu'à un certain point, puisque l'élasticité ne peut devenir plus grande qu'elle n'est après que la corde est feche, & qu'à mefure qu'elle feche il faut plus de force pour qu'elle fe torde d'avantage. La corde ne peut non plus fe tordre qu'à mefure qu'elle perd fon humidité, & cela empêche encore qu'elle ne fe torde, comme fi l'élafticité étoit la feule caufe agiffante.

La courbe CE dont les ordonnées repréfentent le poids de l'humidité qui refte, dans l'expérience du 15 Nov. 1772, paroi également avoir une logarithmique pour afymtote. Mais le commencement paroit plutôt être parabolique. La corde toute mouillée fe deffeche d'abord à la furface & peu à peu dans les parties intérieures, par ce que l'humidité fe retire vers la furface, d'où elle s'éleve dans l'air. J'ai fait voir dans mon premier Effai, que dans le deffechement d'une éponge la racine cubique de l'humidité qui refte eft à très peu près en raifon du tems, en forte que les tems étant équidifférens ces racines cubiques le font à très peu près auffi. Si donc la corde étoit auffi fpongieufe qu'une éponge, les racines quarrées de l'humidité qui refte feroient à très peu près proportionelles au tems, en forte que les tems étant équidifférens, ces racines quarrées le feroient à très peu près auffi. Or la corde n'approche en porofité d'une éponge que lorfqu'elle eft toute mouillée, en forte qu'en la tordant on peut faire fortir l'eau qu'elle contient dans fes interftices & furtout auffi dans les plis qu'on lui a donnés en la tordant. Il s'enfuit donc que c'eft tout au plus au commencement que la courbe CE peut être parabolique.

Confultons là-deffus l'expérience. Pour cet effet j'ai mefuré les ordonnées qui répondent à chaque heure entiere, & je trouve

Tems, heures	ordonnées
0	3, 80
1	2, 47
2	1, 47
3	0, 79
4	0, 44
5	0, 21

Comme ici les tems font équidifférens, nous n'aurons qu'à prendre les différences des ordonnées.

τ	ζ	$\Delta\zeta$	$\Delta^2\zeta$
0	380		
1	247	— 133	
2	147	— 100	+ 33
3	79	— 68	+ 32
4	44	— 35	+ 33
5	21	— 23	+ 12

Comme donc les trois premieres *secondes différences* $\Delta\Delta\zeta$ different si peu qu'on peut les regarder comme égales & par conséquent comme constantes, il s'ensuit que pour les 4 premieres heures la courbe CE ne differe que très insensiblement d'une parabole dont l'équation se trouve être

$$\zeta = 3,80 - 1,5 \, . \, \tau + 0,16 \, . \, \tau^2$$

où τ dénote des heures. Il faudra donc conclure que la courbe CE commence par être parabolique, mais que déclinant peu à peu de la parabole elle finit par être logarithmique. Cependant il ne s'ensuit pas que cette courbe soit composée d'une parabole & d'une logarithmique. La parabole ne permettroit pas qu'elle fût asymtotique. C'est de deux ou plusieurs courbes asymtotiques qu'elle doit être composée. Je trouve qu'en la regardant simplement comme la différence de deux logarithmiques, ou qu'en faisant

$$\zeta = 7,04 \, . \, (0,505)^\tau - 3,24 \, (0,33)^\tau$$

cette équation satisfait à une bagatelle près aux nombres que donne l'expérience. Voici la comparaison.

τ	ζ calc.	ζ exp.	diff.
0	3,80	3,80	0,00
1	2,[illegible]9	2,47	+ 0,02
2	1,44	1,47	— 0,03
3	0,79	0,79	0,00
4	0,42	0,44	+ 0,02
5	0,22	0,21	— 0,01

La premiere de ces logarithmiques peut être considérée comme la principale ou la vraie asymtote de la courbe CE. C'est celle suivant laquelle l'humidité de la corde décroîtroit uniformément si elle étoit dès le commencement distribuée de la façon que le desséchement uniforme exige. Mais comme cela n'a pas lieu dès le commencement, la seconde logarithmique fait voir de quelle maniere l'humidité approche de cet état de desséchement uniforme. Cela arrive d'abord près de la surface de la corde & peu à peu aussi dans les parties intérieures.

Voyons encore comment dans les expériences rapportées ci-dessus les cordes se détortilloient dans l'eau. Cela arriva dans les quatre expériences du mois de Mai, suivant les ordonnées des quatre courbes construites dans la
6. sixieme Figure sur une même échelle. La courbe *Abc* est pour l'expérience du 4 Mai. Je l'ai tirée entre les points *bc* de deux manieres. L'une qui est pointée répond aux nombres que donne l'expérience. L'autre *bBc* que j'ai tirée d'un trait continu, répond à ce qu'il doit y avoir d'uniforme dans la courbure de cette courbe. Il est visible que la partie marquée par des points, quoique répondante à l'expérience, est anomale. Il faut donc que la corde, après s'être détortillée assez uniformément jusqu'à un certain point, ait ensuite trouvé un obstacle. Cet obstacle fit que pendant près de 10 minutes la corde resta presque immobile. Mais comme pendant ces 10 minutes elle ne laissa pas de devenir plus humide & de gonfler d'avantage, cet accroissement d'humidité enfin l'emporta en sorte que peu à peu, par un mouvement plus accéléré, la corde se trouva enfin tout autant détortillée que si cet obstacle n'avoit pas troublé sa marche. Cet obstacle ne consiste qu'en ce que la corde étoit ce qu'on peut appeller *nouée*. On n'a qu'à voir comment les cordes se font. Elles se raccourcissent à mesure qu'on les tord d'avantage. Ce raccourcissement cependant se fait plutôt par saut, que d'une façon continue, puisque ce n'est que de tems en tems que le cordier rapproche sa roue vers l'autre bout de la corde. C'est alors que la corde tend à se nouer & qu'au lieu de se tordre uniformément elle se tord par saut. La Figure fait voir que la corde employée dans l'expérience avoit besoin de 80 minutes de tems pour revenir à la régularité qu'elle avoit avant & après qu'il falloit qu'elle se *dénouât*.

Dans l'expérience du 9 Mai suivant, j'ai employé un bout de la même corde. La courbe *AdeD* fait voir comment elle se détortilloit dans l'eau cette premiere fois. Cette courbe de *d* en *e* est encore tirée de deux manieres, d'abord par des points conformément aux nombres que donne l'expérience, ensuite par une ligne continue conformément à ce que la régularité dans la courbure de la courbe exige. Ce bout de corde étoit donc *noué* comme le premier. L'un & l'autre, après avoir été pendant 20 minutes dans l'eau, s'étoient détortillés jusqu'au point où il s'agissoit du *dénouement*. Cependant ce second bout se dénoua avec plus de facilité, & en moins de tems. On voit que les points en *d* s'éloignent beaucoup plus vite de l'axe *AH* qu'ils ne s'en éloignent en *b*, & en *e* ils coïncident de 20 minutes plutôt avec la courbe réguliere qu'ils ne coïncident en *c*. Cela veut simplement dire que les cordes ne se *nouent* pas également dans toute leur longueur. Il est même possible qu'on coupe d'assez longs bouts, qui ne sont point noués du tout. Cela dépend beaucoup des soins & de l'habileté du cordier.

Le 11 & le 16 Mai j'employai la même corde que j'avois employée le 9 Mai. La courbe *AF* est construite d'après l'expérience du 11 Mai, & la courbe *AG* pour celle du 16. Ces deux courbes sont entierement régulieres. Elles coïncideroient si la corde avoit au commencement été également seche. Mais le 16 Mai elle fut de 50 degrés plus humide. Cela fait que les ordonnées de la courbe *AG* sont plus courtes que celles de la courbe *AF*.

La régularité de ces deux courbes fait voir que la corde s'étoit si bien *dénouée* le 9 Mai où je la mis la premiere fois dans l'eau, qu'elle ne se *noua* plus en séchant, & que par conséquent elle n'avoit plus besoin de se *dénouer* de nouveau dans l'eau. Il est facile d'en tirer la conséquence, que pour avoir un bon hygrometre on fait bien de faire passer par l'épreuve du *dénouement* la corde qu'on veut employer.

J'ai encore tracé dans la quatrieme Figure la courbe *AF* dont les ordonnées expriment le détortillement de la corde employée dans l'expérience du 15 Novembre 1772 rapportée ci-dessus. La courbure est assez réguliere, de sorte que cette corde paroit avoir été sans *noeud*. Mais comme cette courbe en *F* s'éloigne encore assez considérablement de l'axe *AB*, cela marque que j'aurois pu laisser la corde encore plus longtems dans l'eau, & qu'elle se seroit détortillée encore d'avantage. Je ne le fis pas parce que je voulois employer le reste du jour pour observer le dessèchement, tant par rapport au poids que par rapport au nombre de tours.

Toutes ces observations font voir que les cordes tournent avec une lenteur très considérable, de sorte qu'il faut des heures entieres avant que ces hygrometres indiquent de combien l'humidité de l'air a changé. Et comme cette lenteur de la marche dépend surtout de la grosseur des cordes, il arrive que deux hygrometres à corde de différens diametres, n'ont pas une marche entierement analogue, & si les variations de l'humidité de l'air sont subites, les cordes de différente grosseur les indiquent très différemment.

J'ajouterai encore quelques remarques sur le rapport entre les variations de l'hygrometre & de l'humidité de l'air. Pour que l'air soit humide, il ne suffit pas qu'il soit chargé de beaucoup de particules aqueuses, mais il faut que ces particules se coagulent en petites goutes, & que ces goutes s'attachent aux corps qu'elles touchent. A cet égard les hygrometres indiquent moins la quantité des particules aqueuses qui nagent dans l'air, que la disposition qu'elles ont à se coaguler & à s'attacher aux corps.

Nous avons vu ci-dessus que les hygrometres ont une variation annuelle en ce que pendant l'hyver les degrés d'humidité prédominent, tandis que pendant l'été ce sont les degrés de sécheresse. On peut leur attribuer encore une variation journaliere, parce que généralement parlant ils avancent vers le sec depuis le matin jusques vers les 2 ou 3 heures après midi, & qu'ils retournent vers les degrés d'humidité depuis le soir jusqu'au matin. C'est ce qu'on observe fort régulierement surtout quand l'état de l'atmosphere continue de rester le même.

A l'égard de cette variation annuelle & journaliere l'hygrometre a beaucoup d'affinité avec le thermometre, & la raison en est toute claire, c'est que *la chaleur seche en ce qu'elle accélere l'évaporation de l'humidité, & le froid rapproche les particules aqueuses que la chaleur avoit dispersées.*

Cette variation annuelle & journaliere de l'hygrometre peut être regardée comme réguliere, & à cet égard elle indique plutôt le tems qu'il fait que les changemens qu'il va subir. Mais s'il arrive que l'hygrometre

marche

marche en contresens, ou qu'en suivant sa marche réguliere il tourne & plus & plus vite que le changement du chaud & du froid ne l'exige, alors ses variations indiquent que l'état de l'air va changer.

Quand le tems tourne à la pluie, l'air commence quelque-part à devenir humide. Je dis *quelque-part;* car cela peut arriver près de la surface de la Terre, comme au-dessus des nuées, dans nos environs comme autre-part, & avec des degrés de vitesse très différens.

Si le tems est calme l'hygrometre n'indique que les changemens de l'air dans nos environs, & surtout ceux qui se font près de la surface de la Terre. Si donc c'est dans la basse région que l'air commence à devenir humide, l'hygrometre s'en ressent aussitôt. Au lieu d'avancer vers le sec depuis le matin jusqu'après midi, il reculera, ou du moins il n'avancera que très peu ou point du tout, & pendant la nuit il reculera au delà de son ordinaire. Dans ces cas l'hygrometre pronostique la pluie avec beaucoup de certitude, surtout lorsqu'il recule beaucoup & très vite. Pendant l'été sa marche réguliere est d'environ 20 degrés, dont il avance le matin & recule le soir. Je l'ai vu reculer de plus de 30 degrés du matin jusqu'après midi & encore de 20 degrés le lendemain. La pluie survint le premier jour & dura sans beaucoup d'interruption cinq jours de suite. Le cinquieme jour l'hygrometre avança de 11 degrés vers le sec pendant la nuit, c'est à dire en contresens de sa marche ordinaire, & le sixieme jour il avança encore de 61 degrés. Le tems se mit au beau & continua jusqu'à l'heure du midi du septieme jour, où l'hygrometre du matin à l'après midi retourna en arriere, c'est à dire en contresens de sa marche réguliere.

Si l'air commence à devenir humide dans ses régions supérieures, alors il est possible que la pluie tombe avant que l'hygrometre recule vers les degrés d'humidité. En ce cas il ne tourne que pendant qu'il pleut & même après la pluie. C'est que dans ce cas c'est la pluie qui amene l'humidité dans l'air inférieur, au lieu que dans le cas précédent l'humidité dévance la pluie.

Quand l'air n'est point calme, le vent nous amene l'humidité ou la sécheresse des autres pays, soit dans la région inférieure de l'air, ſoit dans ſes régions ſupérieures. Si le vent inférieur vient du côté de la mer, c'eſt ordinairement de l'humidité qu'il amene, & l'hygrometre ne tarde pas à l'indiquer. Le contraire arrive lorſque le vent inférieur vient du continent.

Quant aux vents ſupérieurs, qu'on reconnoit au mouvement des nuées, ils n'influent pas immédiatement ſur l'hygrometre, cet inſtrument n'indiquant que les variations de l'air contigu & par conſéquent de l'air inférieur. De là vient que les vents ſupérieurs peuvent amener de la pluie, ſans que l'hygrometre l'annonce par un mouvement retrograde. Mais auſſi dans ces cas l'hygrometre ſuivra ſimplement ſa marche réguliere, qui généralement parlant n'eſt d'aucun uſage pour l'avenir.

I. TABLE.

Hygrometre *I* à Berlin.

	1771		1772										
	Nov.	Déc.	Janv.	Févr.	Mars.	Avril.	Mai.	Juin.	Juillet.	Août.	Sept.	Oct.	Nov.
1		163	133	163	−15	213	222	249	288	223	266	250	246
2		153	135	135	+10	243	219	262	270	230	276	213	229
3		144	143	128	122	254	258	256	270	227	272	229	250
4		151	114	147	145	268	260	247	213	237	260	198	209
5		162	138	166	134	257	220	249	218	241	266	208	216
6		182	134	167	128	253	247	243	225	246	207	208	210
7		186	135	176	123	241	250	227	229	256	237	243	208
8		182	149	181	116	236	250	245	251	262	244	266	141
9		178	156	118	111	202	288	259	242	254	254	288	210
10		158	135	109	119	217	278	250	240	277	221	252	228
11		128	141	117	116	227	276	263	245	274	246	266	138
12		124	108	132	137	267	268	252	254	254	274	243	180
13		97	85	144	142	243	250	265	236	254	274	233	195
14		143	128	132	143	244	236	267	236	254	273	243	208
15		153	158	125	147	237	232	274	246	256	266	222	198
16		168	158	127	146	233	228	272	232	249	257	218	158
17		165	165	150	140	230	233	268	250	253	246	187	188
18		163	157	146	131	260	236	264	261	220	216	220	152
19		143	156	145	122	253	240	286	264	218	244	198	132
20	155	143	153	147	11[illegible]	251	230	276	272	220	216	232	
21	205	143	157	153	119	243	239	265	258	227	236	236	
22	200	132	135	152	156	248	238	264	256	246	216	192	
23	205	102	131	143	154	253	211	263	260	259	213	240	
24	166	115	132	129	175	250	238	273	271	236	231	256	
25	185	132	130	143	176	213	223	279	262	255	250	257	
26	156	133	130	147	177	238	228	268	261	264	238	184	
27	86	128	130	23	184	245	224	286	259	253	235	211	
28	80	131	129	24	170	246	236	270	250	251	232	216	
29	124	123	123	−21	183	240	237	279	255	262	178	189	
30	148	134	128	—	209	251	244	289	253	249	237	214	
31	—	128	137	—	199	—	247	—	252	259	—	209	

II. TABLE.

Hygrometre *H* à Berlin.

	1771 Nov.	Déc.	1772 Janv.	Févr.	Mars.	Avril.	Mai.	Juin.	Juillet.	Août.	Sept.	Oct.	Nov.
1		232	214	230	184	233	218	228	260	215	245	237	233
2		226	218	222	198	239	217	236	254	208	255	220	226
3		224	222	226	216	256	238	228	258	228	252	220	245
4		227	218	233	228	260	242	233	248	220	252	202	227
5		219	222	234	224	251	230	239	241	229	255	204	223
6		231	225	232	221	249	235	233	234	230	218	204	254
7		236	234	237	215	247	237	235	230	236	226	213	175
8		233	237	242	209	231	230	238	233	240	228	242	170
9		233	238	227	202	208	265	246	248	225	233	260	204
10		232	237	222	209	216	259	244	247	242	221	248	223
11		226	233	224	208	232	268	249	246	256	233	247	172
12		221	226	222	217	244	250	242	246	239	251	237	198
13		216	222	228	219	238	233	252	236	248	261	230	201
14		218	232	222	218	228	224	252	242	243	264	234	214
15	—	220	229	217	222	220	214	256	246	250	258	217	200
16		228	233	216	218	223	216	258	239	239	249	221	195
17		225	235	222	218	221	221	254	239	246	238	189	201
18		218	233	218	216	264	221	250	246	229	212	210	197
19		220	233	218	214	250	228	253	250	221	238	202	191
20	238	218	231	216	214	249	228	257	258	218	222	224	
21	242	224	228	223	212	242	230	249	234	228	232	220	
22	242	216	226	222	218	243	230	244	248	225	216	211	
23	244	212	227	218	216	243	217	243	252	239	217	223	
24	235	213	225	218	222	242	228	250	258	231	226	246	
25	241	217	226	218	217	202	227	253	252	239	242	243	
26	240	213	226	223	219	234	224	248	250	248	242	215	
27	227	216	221	190	231	238	217	250	257	244	228	216	
28	220	218	212	206	224	242	222	236	238	249	217	219	
29	220	211	217	191	221	240	233	250	242	255	210	202	
30	228	209	218	—	228	247	234	262	242	236	228	211	
31	—	212	222	—	222	—	235	—	238	242	—	225	

III. TABLE.

Hygrometre *G* à Sagan.

	1772		1773										
	Nov.	Déc.	Janv.	Févr.	Mars.	Avril.	Mai.	Juin.	Juillet.	Août.	Sept.	Oct.	Nov.
1		150	190	228	170	240	218	240	240	225	246	218	250
2		125	196	195	190	228	190	253	250	228	268	210	223
3		105	205	190	220	258	225	240	250	248	268	215	240
4		135	185	210	220	270	253	237	218	225	255	135	223
5		120	200	234	221	268	257	260	190	231	260	170	234
6		143	205	232	205	265	224	247	188	220	230	188	240
7		155	208	230	195	258	235	240	218	210	230	227	188
8		150	227	238	190	256	234	245	248	210	240	245	200
9		157	220	185	200	236	270	250	260	230	223	271	225
10		170	230	175	205	212	265	252	240	240	210	243	252
11		170	220	175	198	240	260	250	250	255	245	212	200
12		160	192	190	204	257	230	232	240	240	252	225	240
13		150	167	205	235	231	197	237	230	240	256	230	227
14		195	195	190	238	231	185	240	230	250	263	225	225
15		210	200	190	238	226	178	265	225	248	265	210	200
16		214	220	190	228	196	170	260	225	270	244	230	200
17		210	220	208	212	210	190	270	235	260	227	200	210
18		195	215	197	198	247	205	255	240	246	220	238	206
19		187	210	198	192	240	219	248	250	244	258	198	204
20	170	192	205	198	191	219	232	280	255	240	250	220	
21	204	195	190	190	194	225	240	260	248	240	260	223	
22	195	187	180	200	207	238	225	258	245	240	238	195	
23	200	179	190	204	209	243	190	230	250	247	245	268	
24	165	180	195	203	210	240	200	245	258	270	238	250	
25	187	180	197	210	228	210	200	260	250	235	225	250	
26	160	180	196	212	226	225	205	235	255	235	272	225	
27	70	190	185	150	237	240	217	235	255	247	240	248	
28	85	185	180	180	216	232	210	248	240	257	220	249	
29	120	185	190	165	231	238	210	250	250	254	215	230	
30	140	175	200	—	233	242	220	238	241	240	240	239	
31	—	185	212	—	230	—	230	—	234	247	—	245	

IV. TABLE.

Hygrometre à Wittemberg.

	1771 Nov.	1772 Déc.	Janv.	Févr.	Mars.	Avril.	Mai.	Juin.	Juillet.	Août.	Sept.	Oct.	Nov.
1		160	139	124	121	200	227	262	267	245	254	234	236
2		155	142	98	157	225	219	263	261	245	260	231	227
3		142	144	94	154	234	237	260	255	242	257	232	232
4		141	127	111	194	241	251	256	235	241	248	230	214
5		135	127	129	194	240	246	259	234	245	250	224	220
6		157	113	125	192	235	250	254	235	244	233	217	215
7		162	106	124	178	236	258	252	237	246	242	209	190
8		157	121	129	167	230	247	238	244	255	244	242	210
9		158	126	86	160	207	266	257	250	260	243	257	220
10		151	121	86	167	219	268	248	255	260	234	237	218
11		137	119	89	166	228	265	237	255	261	240	233	192
12		132	95	98	183	237	258	243	256	252	247	228	217
13		130	80	114	196	235	238	258	255	249	254	226	218
14		153	102	92	198	234	236	263	248	249	257	225	215
15		158	124	94	199	231	235	267	240	248	256	220	209
16		158	134	95	196	227	237	272	243	243	253	218	206
17		155	134	119	176	229	231	273	258	245	244	211	208
18		148	127	107	163	240	235	267	261	242	238	217	202
19		139	126	99	164	239	238	274	263	244	241	211	196
20	242	141	120	100	161	232	240	279	264	246	233	205	
21	176	141	113	113	158	228	248	277	255	253	235	203	
22	195	123	91	105	176	231	240	273	252	249	235	199	
23	184	125	90	110	182	234	232	275	255	248	231	187	
24	161	132	92	98	194	245	242	282	263	243	238	227	
25	175	136	98	111	184	227	243	285	265	248	242	231	
26	165	119	95	107	182	234	245	286	264	215	239	225	
27	127	103	92	111	188	236	244	286	263	249	242	231	
28	27	99	89	109	178	237	242	271	258	254	233	235	
29	144	131	88	116	183	242	245	271	251	261	215	235	
30	158	13[illegible]	76	—	196	250	246	273	258	250	229	233	
31	—	135	109	—	200	—	253	—	259	254	—	233	

Comparaison de la marche de l'Hygromètre à Berlin et à Sagan

Nouv. Mém. de l'Ac. R. des Sc. et B. L. 1772. Pl. III. p. 102.

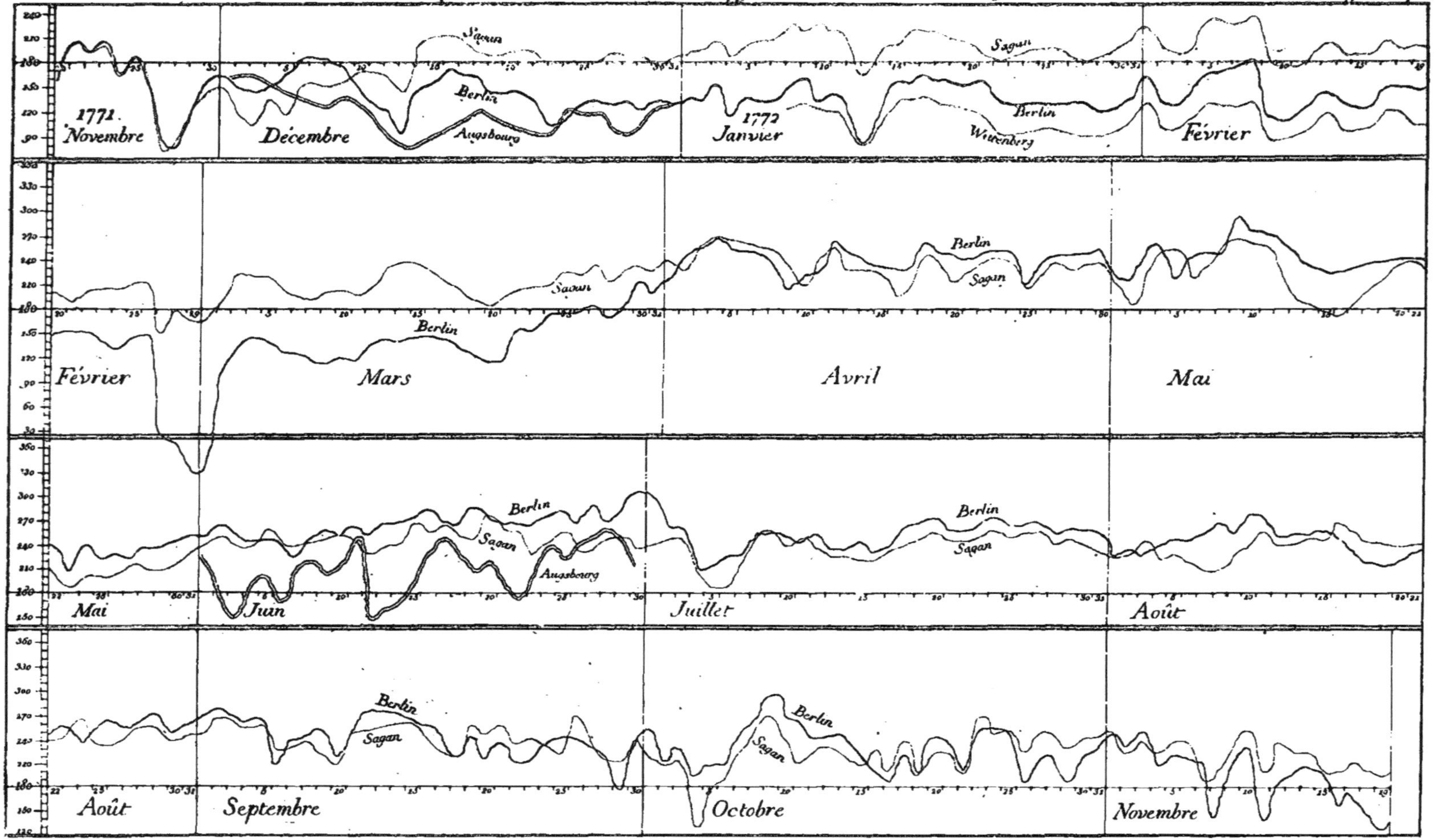

1771. Novembre — Décembre — 1772 Janvier — Février

Sagan — Berlin — Augsbourg — Wittenberg

Février — Mars — Avril — Mai

Berlin — Sagan

Mai — Juin — Juillet — Août

Berlin — Sagan — Augsbourg

Août — Septembre — Octobre — Novembre

Berlin — Sagan

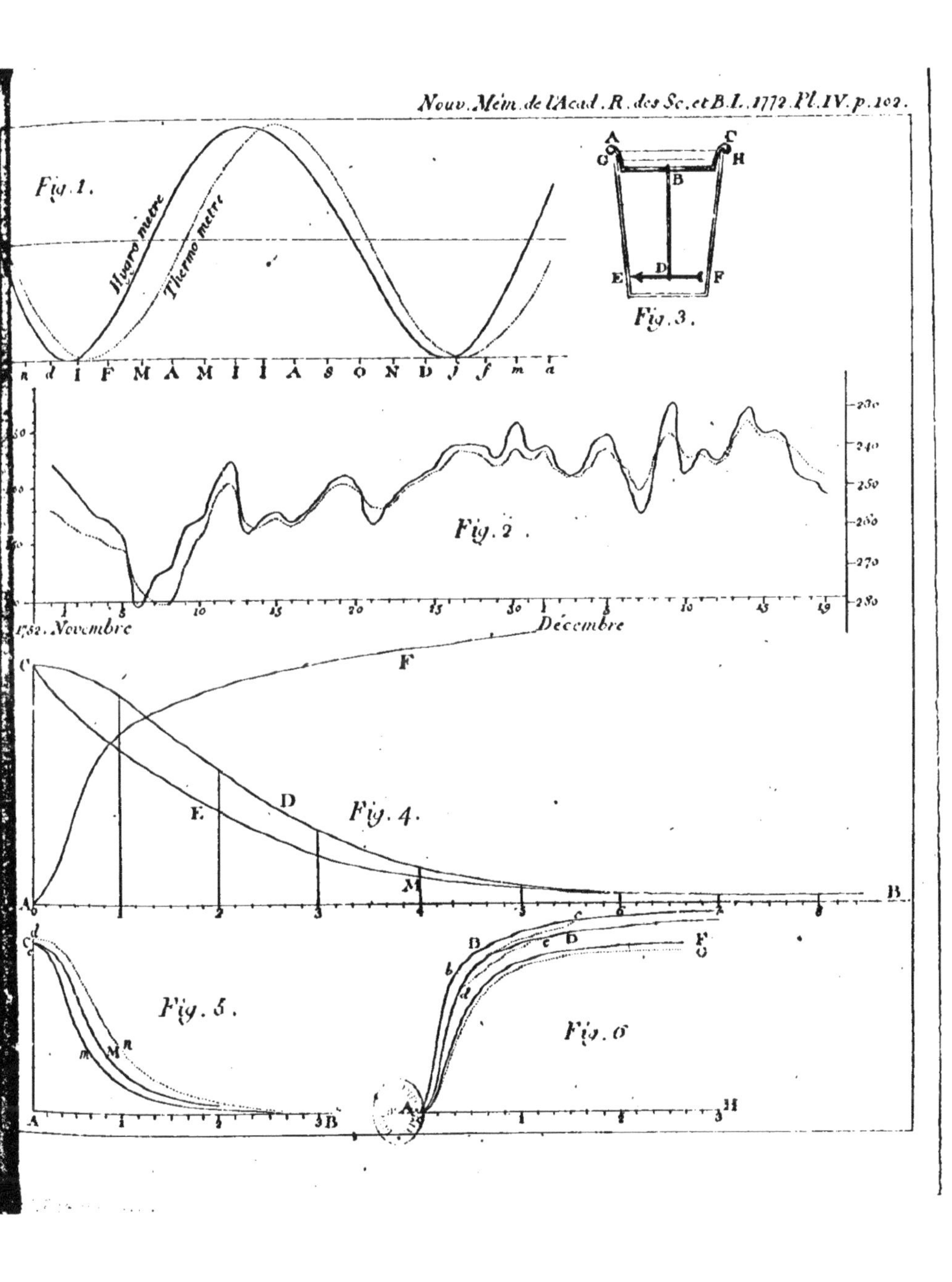
Fig. 1.
Hygro metre
Thermo metre
n d J F M A M J J A S O N D J f m a
Fig. 3.
A C G H B D E F
Fig. 2.
1 5 10 15 20 25 30 1 5 10 15 19
1752. Novembre
Décembre
230 240 250 260 270 280
Fig. 4.
C F E D M A B
0 1 2 3 4 5 6 7 8
Fig. 5.
d C c m M n A B
1 2 3
Fig. 6
B b C c D d E F G A H
1 2 3

Défauts constatés sur le document original

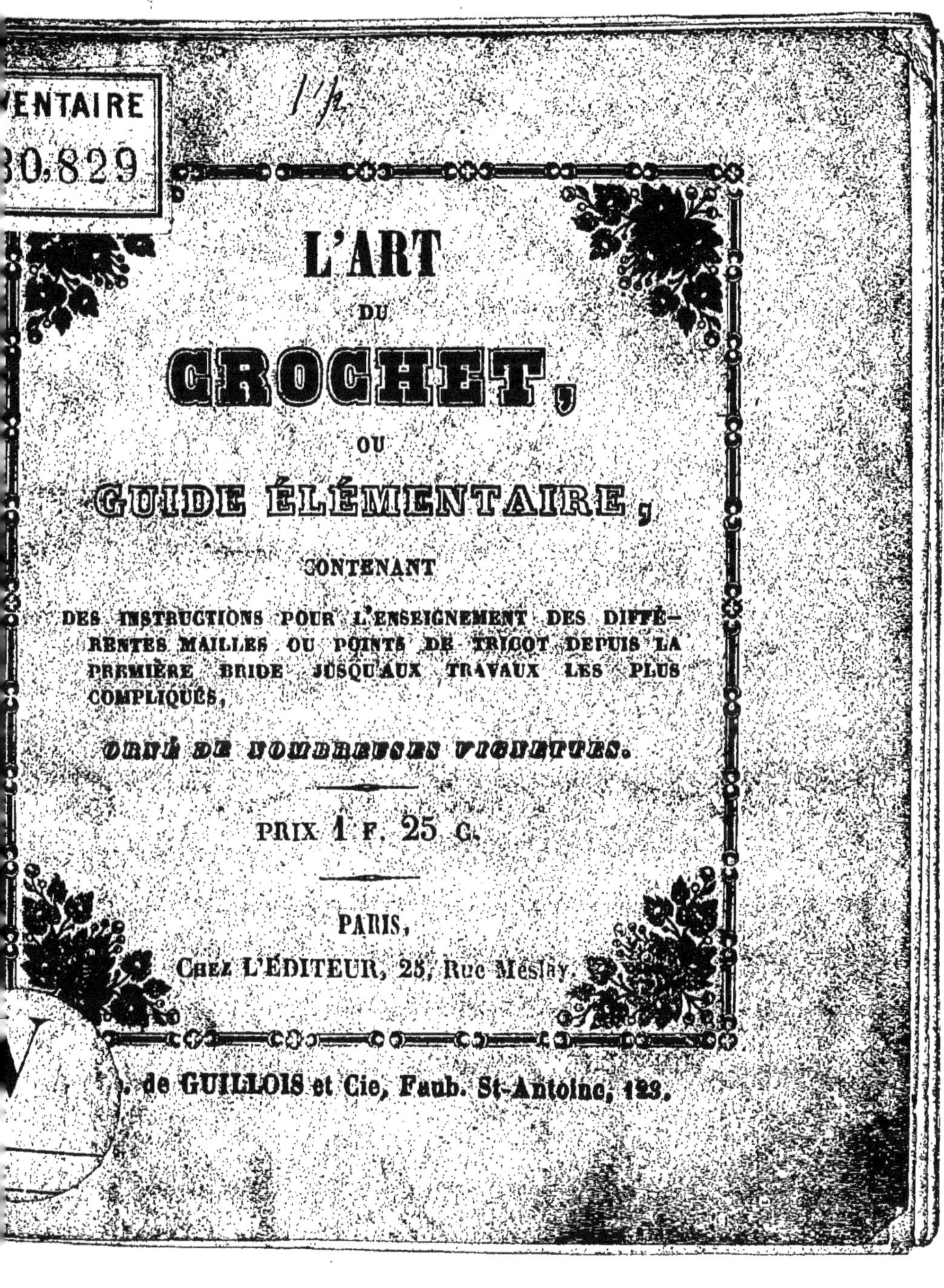

L'ART DU CROCHET,

OU

GUIDE ÉLÉMENTAIRE,

CONTENANT

DES INSTRUCTIONS POUR L'ENSEIGNEMENT DES DIFFÉRENTES MAILLES OU POINTS DE TRICOT DEPUIS LA PREMIÈRE BRIDE JUSQU'AUX TRAVAUX LES PLUS COMPLIQUÉS,

ORNÉ DE NOMBREUSES VIGNETTES.

PRIX 1 F. 25 C.

PARIS,
CHEZ L'ÉDITEUR, 25, Rue Meslay.

. de GUILLOIS et Cie, Faub. St-Antoine, 123.

V

L'ART DU CROCHET.

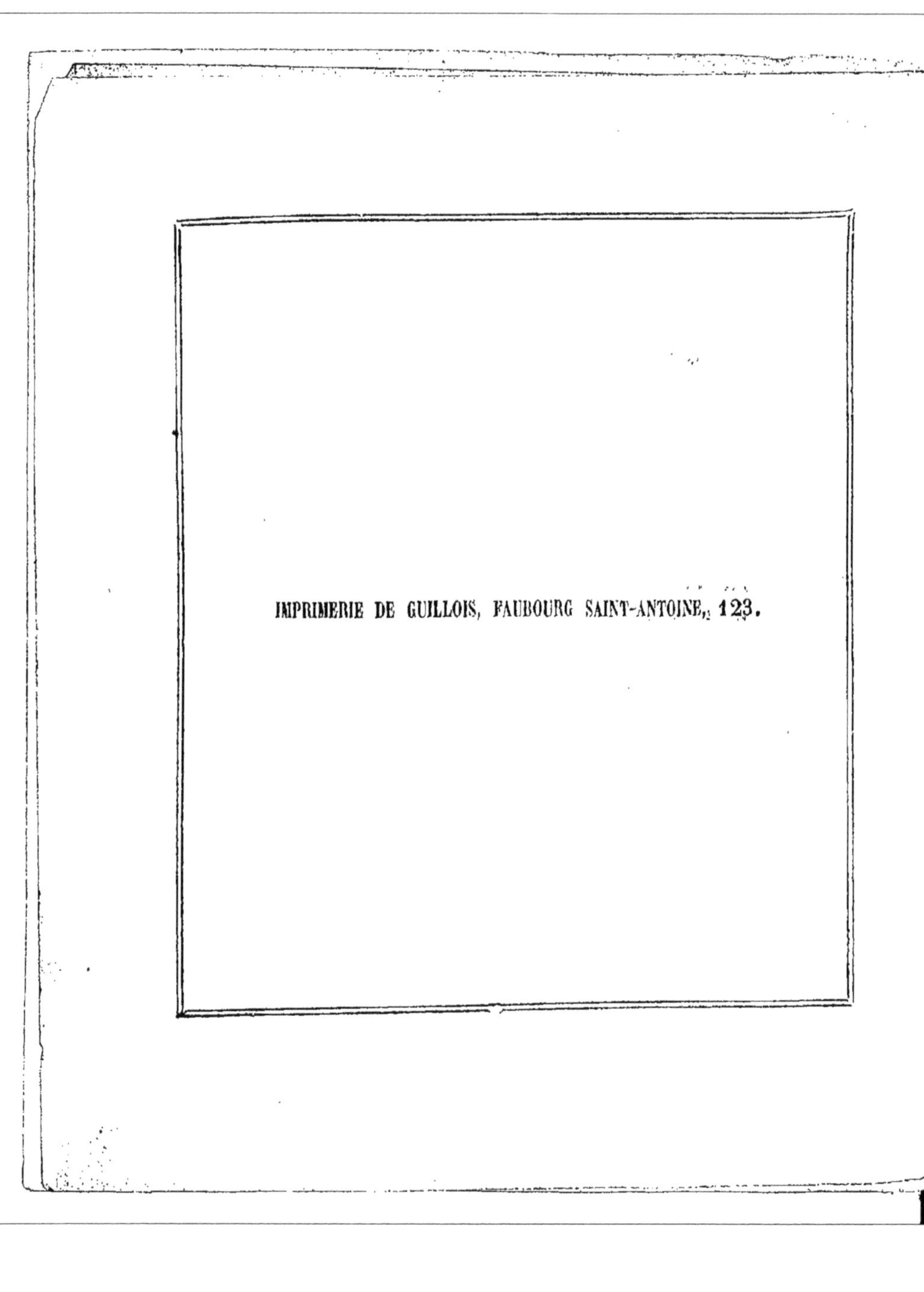

IMPRIMERIE DE GUILLOIS, FAUBOURG SAINT-ANTOINE, 123.

L'ART
DU
CROCHET,
OU
GUIDE ÉLÉMENTAIRE,

CONTENANT

DES INSTRUCTIONS POUR L'ENSEIGNEMENT DES DIFFÉRENTES MAILLES OU POINTS DE TRICOT DEPUIS LA PREMIÈRE BRIDE JUSQU'AUX TRAVAUX LES PLUS COMPLIQUÉS,

Au moyen desquelles

On peut apprendre seul, et en peu de temps, ce qu'il est nécessaire de savoir pour exécuter au Crochet toutes sortes de travaux, en soie, en laine, etc.

ORNÉ DE NOMBREUSES VIGNETTES.

PRIX : 1 F. 25 C.

A PARIS,
CHEZ L'ÉDITEUR, 25, Rue Meslay.

L'ART
DU
CROCHET.

E petit Manuel étant destiné à l'instruction seulement, nous supprimons toute introduction superflue pour consacrer plus d'espace à la partie descriptive de l'initiation première, la rendre plus complète et accroître ainsi la valeur de ce livre.

L'art de tricoter, dans lequel une longue pratique est nécessaire pour atteindre un degré raisonnable de progrès et de force, est bien différent du travail au crochet, quoiqu'il lui ressemble beaucoup. Le travail au crochet est à la portée de tous ceux qui voudront suivre attentivement et mettre en pratique les instructions contenues dans les vingt pages suivantes; et nous recommandons aux commençants de les suivre bien en détail et pas à pas; d'avoir toujours le crochet en main pour exécuter chaque nouveau point ou maille; de l'apprendre durant un certain temps avant de passer à une autre difficulté.

Lorsqu'on sera bien familiarisé avec les noms donnés à chacun de ces points ou mailles, et avec la manière de les former, on ne rencontrera plus aucune difficulté pour exécuter les modèles, ou confectionner les articles décrits dans le reste du volume, qu'on essaye trop souvent avant d'avoir une connaissance assez grande des éléments, et cela parce que l'impatience empêche de consacrer à l'étude des instructions préliminaires, les trois ou quatre heures suffisantes pour les bien connaître.

La laine est préférable au coton, lorsqu'on veut apprendre; et celle de Berlin, double, est plus agréable à travailler à cause de ses nombreuses variétés.

En faisant choix d'un crochet pour s'en servir avec la laine, il faut le prendre de préférence en os ou en ivoire, plutôt qu'en acier, ayant la tige ronde plutôt que plate, cette dernière forme présentant des inconvénients; il faut qu'il soit aussi long qu'il est convenable, et que le crampon soit d'une mesure telle que la laine le remplisse parfaitement, de manière que l'arrête ne projette pas au-delà.

Supposons le commençant muni de la laine et du crochet, nous allons donner la première leçon.

Maille de fondation.

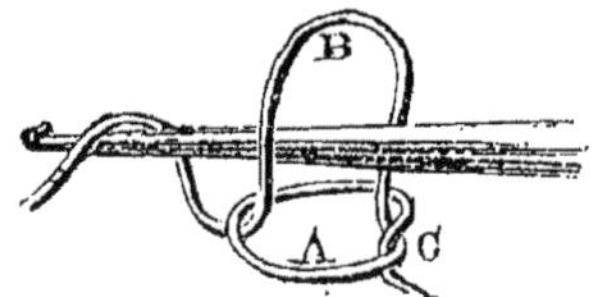

Après avoir déroulé la laine, faites une bride en entrelaçant le fil, ainsi que le démontre la figure ci-dessus en *A B C*, ensuite prenez la partie *A C* entre le doigt indicateur et le pouce de la main gauche en la soutenant dans la position indiquée ici ; laissez passer légèrement la longueur de la laine que vous voulez employer, (qui est la continuation de la partie (*B*) entourant le crochet dans le dessin), sur le dos des trois doigts du milieu et entre les deux derniers, de manière que le petit doigt la retienne en place. La laine ainsi placée se trouve prête à servir, parce que, dans les travaux au crochet, la main droite ne touche jamais la laine tandis qu'on travaille, contrairement à ce qui se fait en tricotant, et c'est la seule différence qui existe entre ces deux genres de travaux. En tricotant, la laine est placée autour de l'aiguille, en travaillant au crochet, c'est celui-ci qui tourne autour de la laine. Maintenant, prenez le crochet de la main droite, tenez-le précisément comme vous tiendriez un pinceau ou une plume; ménagez une distance raisonnable entre le crampon et les doigts, 40 à 50 millimètres. Avancez le crochet tel qu'il se projette sur le manche en l'abaissant et le portant de votre côté ; passez-en la pointe dans la bride *B*, ***sur*** la laine vers la gauche, ***sous*** la laine à la droite, ensuite ***sur*** la laine vers la gauche; en aucun moment ne changez la position de la pointe du crochet; (Vous avez maintenant obtenu le résultat que présente la figure, excepté que dans celle-ci le crochet se projette trop vers le haut); à présent tirez le crochet; la légère résistance opposée par le petit doigt au passage de la laine, la retient dans le crampon jusqu'à ce qu'elle soit hors de la bride. Ainsi se trouve complétée une maille de crochet, continuez de cette manière autant qu'il vous conviendra; c'est ce qu'on appelle communément la chaine, la fondation ou un jeté.

Nous devons faire observer qu'excepté à la fin d'un rang on n'ôte jamais le crochet hors de la bride qu'on vient de faire; celle-ci reste dessus, formant pour ainsi dire le noyau de la maille suivante, et répond en effet à la bride (*B*) après qu'on a passé le crochet au travers.

Beaucoup de personnes qui essaient ce genre de travail, sont trop soucieuses de voir le crampon saisir la laine, et avec cette idée de la saisir, elles roulent et tournent leur crochet dans toutes les directions imaginables : on doit éviter ce défaut par-dessus tout; tenez le crochet loin de la pointe, plongez-le à une certaine longueur dans la bride, marquez les replis autour de la laine comme on l'a indiqué, et n'ayez aucune crainte que la laine ne suive pas, cela doit être ainsi. Trop d'attention à faire passer la laine dans la bride, rendra l'ouvrière remuante et tourmentée, et le travail ne sera jamais d'un style hardi et gracieux. Evitez de vous servir d'un crochet court, tenu en main comme on tient un canif ou un couteau, ainsi que quelques uns l'ont enseigné ; cette manière disgrâcieuse ne convient point aux personnes qui veulent travailler avec élégance, ni aux amateurs qui voudraient exceller dans cet art.

Crochet simple uni.

Ce travail sera le sujet de la deuxième leçon. Après avoir arrêté la chaîne (ce qu'on fait en tirant une extrémité de la laine hors de la bride, au lieu d'en former une nouvelle,) on prend cette extrémité entre le doigt indicateur et le pouce de la main gauche, laissant pendre le reste en dedans de la main. La chaîne, comme elle a été faite, se trouve plus applatie d'un côté que de l'autre, il faut tenir ce côté près de soi et faire travailler le crochet dans le bord supérieur des brides. En formant la chaîne on a appris à tenir la laine et le crochet, on doit donc passer ce dernier dans la première bride de la chaîne, ensuite soutenant la bride sur l'aiguille du crochet, saisir de nouveau la laine comme au premier tour, la tirer à travers la bride de la chaîne, puis avec cette bride sur le crochet *(a)*, passer celui-ci dans la bride suivante, et tirer la laine à travers les deux brides qui se trouvent alors sur le crochet, la laine retirée en dernier lieu forme bride sur le crochet, soutenez-la et recommencez depuis (*a*). On commence le tour suivant par le même bout que le tour précédent n'y ayant pas de rang de retour dans le crochet, excepté pour le *Crochet élastique* qui est en maille unie ci-dessus décrite et qu'on exécute en avant et en arrière.

Cette maille aussi-bien que la suivante étant solides, le travail devra être fait suffisamment serré pour lui donner une apparence d'épaisseur, sans toutefois qu'il le soit au point que l'ouvrière soit embarrassée pour trouver un passage libre et facile à son crochet. La pratique et la comparaison seront toujours les meilleurs guides en cette matière.

Double crochet.

Placez le bout de la laine, environ 12 millimètres derrière et paralèllement à la chaîne ; le bout vers la gauche. Passez le crochet dans la première bride de la chaîne, tirez la laine au travers de la bride ; tirez la laine à travers la bride qui est maintenant sur le crochet, (*a*) passez le crochet dans la bride suivante, ***sous*** le ***bout***, et tirez la laine à travers la bride de la chaîne, passez le crochet ***sur*** le ***bout***, et tirez la laine à travers les deux brides qui sont sur le crochet (*a*), (*b*) passez le crochet dans la bride suivante de la chaîne, tirez la laine à travers cette bride, ensuite tirez la laine à travers les deux brides qui sont alors sur le crochet, recommencez de (*b*) en (*b*), ce qui forme une maille double crochet sur tout le rang.

Les pantoufles, coussins, etc., indiqués aux pages 42, 49, 62 et 64, sont faits sur cette maille. Lorsqu'on emploie *deux ou trois couleurs* sur un seul tour, la laine qui ne doit pas être vue est couverte de la manière décrite ci-dessus pour cacher le bout, voyez d'(*a*) en (*a*). Pour que l'exécution d'un modèle soit régulière, on effectue le changement de couleur au milieu d'une maille; différemment, la bride d'une couleur arrive sur la maille de la couleur suivante et donne au travail une apparence rude et irrégulière. Supposons que, suivant l'indication qui suit, 10 mailles rouges et 10 mailles vertes soient employées alternativement; faites en 9 complètes en vert, faites ensuite la moitié de la maille suivante (c'est-à-dire autant qu'il faut tirer la laine par dessous l'écarlate) en vert, et le reste de cette maille en écarlate, elle compte comme faisant partie des 10 vertes; faites pour l'écarlate précisément la même chose, c'est-à-dire neuf mailles complètes et la moitié d'une, cette maille se complète alors par la couleur suivante.

Par exemple, un travail qui indique ou compte :

4 verts, 2 rouges, 1 vert, 2 rouges, 1 vert,

Devient à l'exécution :

3 1/2 vert, 1/2 1 1/2 rouge, 1/2 1/2 vert, 1/2 1 1/2 rouge, 1/2 1 vert.

Nous donnons l'échantillon suivant pour Nattes, Tapis, Coussins, etc., en dessins comme étant d'une exécution facile, et pour exercer aux changemens de couleurs que nous venons d'indiquer.

La grosseur de la laine dépendra de l'objet qu'on veut confectionner; pour une pantoufle ou pour un petit tapis, on emploiera la grosseur ordinaire de la laine de Berlin, tandis que pour un coussin de sofa, ou autre article semblable, il faudra employer huit fils de laine de Berlin. Couleurs : noir, ambre, jaune foncé, comme ombre foncée à la couleur ambre, quatre nuances de vert, quatre nuances de rouge ou cramoisi, chaîne noire.

Premier rang, noir ; second rang, ambre ; troisième rang, jaune foncé; quatrième rang, ambre; cinquième rang, noir.

Sixième rang ; rouge foncé et vert foncé dix

mailles rouge et dix vert, alternativement pour tout le rang.

Septième rang ; rouge second et vert second, deux mailles vert, (*a*) dix rouge, dix vert, recommencez depuis (*a*).

Huitième rang, rouge troisième, vert troisième, quatre mailles vert, (*b*) dix rouge, dix vert, recommencez depuis (*b*).

Neuvième rang, rouge clair et vert clair, six mailles vert, (*c*) dix rouge, dix vert, recommencez depuis (*c*).

Dixième rang, le même que le huitième.

Onzième rang, le même que le septième.

Continuez ainsi en retournant en arrière jusqu'au premier rang, ensuite répétez le tout à partir du sixième rang en renversant les couleurs; c'est-à-dire, en commençant le sixième rang avec dix mailles en vert et le septième avec deux mailles en rouge, etc., etc.

Nous allons maintenant procéder à la description du crochet à jour et de ses variétés.

Crochet simple à jour. (N° 1.)

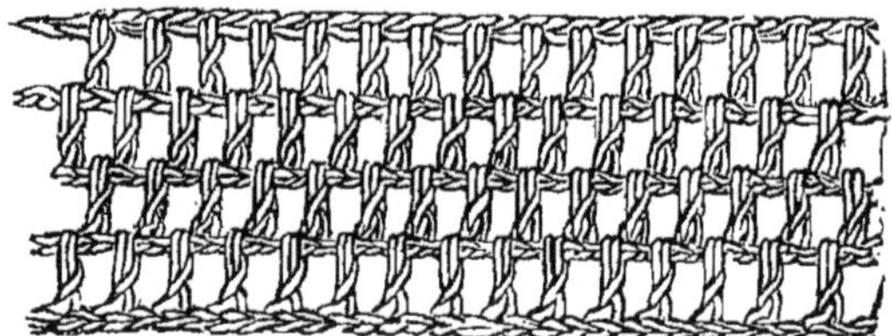

On peut le décrire ainsi : commencez sur une fondation ou chaîne en maille de crochet uni (*a*), passez le crochet sous la laine (comme si vous deviez la retirer), passez le crochet dans la bride voisine de la chaîne, saisissez la laine et tirez-la à travers la bride de la chaîne ;

saisissez derechef la laine et faites-la passer dans deux des trois brides qui sont sur le crochet; saisissez-la de nouveau et retirez-la à travers les deux brides qui se trouvent alors sur le crochet, faites une maille de chaîne; puis, prenant la bride de la maille de chaîne sur le crochet, répétez ce qui précède depuis (*a*), mais omettez toujours, après la première maille, une des mailles de fondation. Dans les tours suivants on passe le crochet à travers l'espace, entre les mailles longues (au lieu de le passer dans les brides de la chaîne comme auparavant), de manière à couvrir la maille de la chaîne du dernier rang.

Deuxième crochet à jour (N° 2).

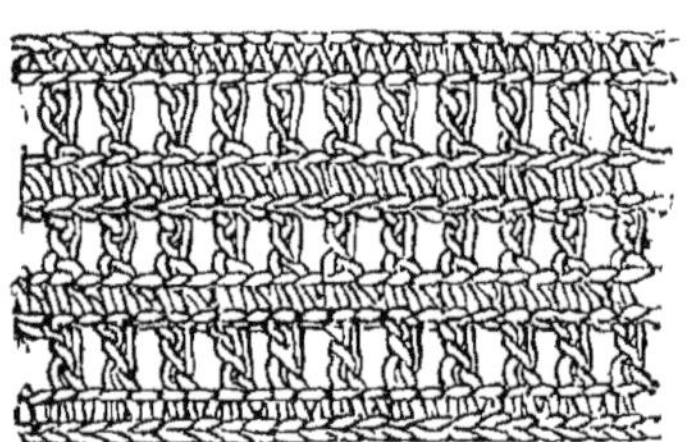

On peut exécuter ce travail en faisant un rang uni après chaque tour de crochet à jour, et en exécutant les longues mailles dans chaque maille alternée du rang uni, en prenant celles qui sont sur la même ligne que les dernières mailles longues.

Double crochet à jour. (N° 3.)

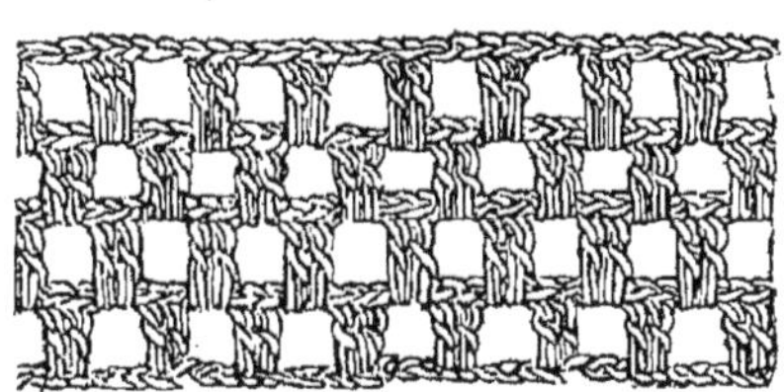

Ce travail est le même que le crochet uni à jour (N° 1); mais dans celui-ci deux des mailles longues sont faites ensemble en alternant avec deux mailles de chaîne, et, par conséquent, deux mailles consécutives de fondation doivent être omises et employées alternativement.

Triple crochet à jour. (N° 4.)

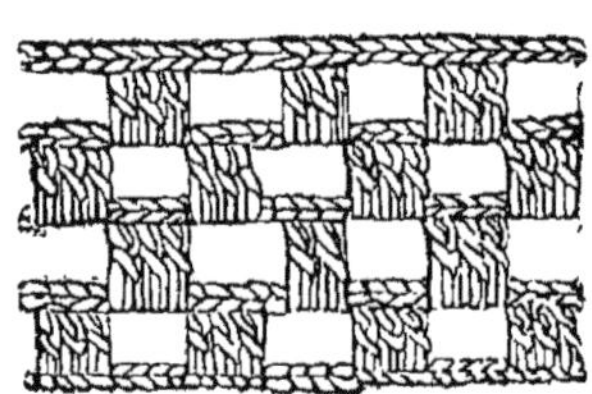

C'est le même travail que le double crochet en changeant les indications de deux en trois. Le double crochet peut être varié de plusieurs manières, aussi-bien que le simple; ainsi qu'on l'a déjà indiqué pour ce dernier, on peut aussi obtenir un résultat semblable sans que les damiers soient aussi larges, en travaillant dans les brides du rang précédent, sans le rang de mailles unies.

Crochet à jour Vandyck. (N° 5.)

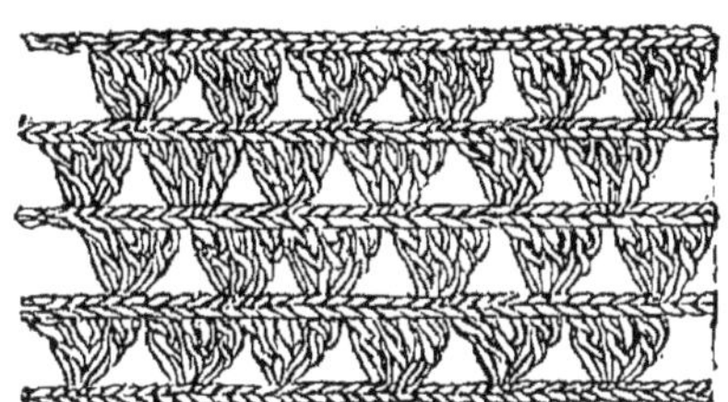

Ce patron offre de fort jolies variétés. On exécute trois longues mailles dans une de celles de fondation et on fait une maille de chaîne (*a*), puis on laisse trois mailles de fondation, et on fait trois longues mailles sur la quatrième, on fait une maille de chaîne et on recommence depuis (*a*).

Dans les tours suivants, les trois mailles sont travaillées dans l'espace (entre les deux séries de trois), de manière à couvrir la maille de chaîne.

Autre crochet Vandyck. (N. 6.)

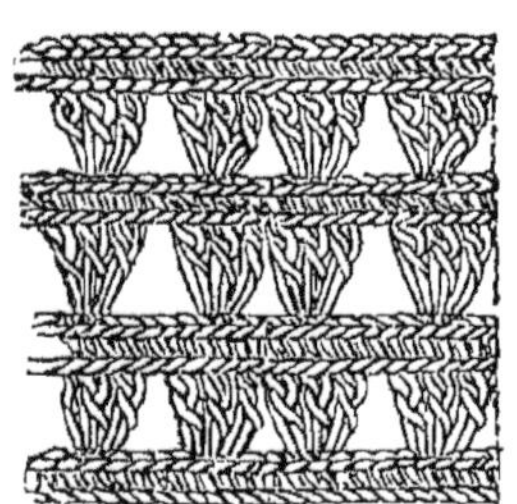

Ce travail diffère du précédent en ce qu'il a un rang uni placé entre deux rangs à jour, de la même manière que le N° 2 est une modification du N° 1.

Crochet à jour à longues mailles.

(*a*) Passez le crochet sous la laine (comme dans le crochet à jour) et dans la bride de la chaîne, saisissez la laine et tirez-la à travers la bride de la chaîne; il se trouve maintenant trois mailles sur le crochet, saisissez la laine et tirez-la à travers deux de ces mailles, passez le crochet sous la laine, prenez la laine sur le crochet avec le pouce de la main gauche, passez de nouveau le crochet sous la laine au-delà du pouce, et faites passer la laine à travers deux des trois mailles qui sont sur le crochet, resaisissez la laine passez-la dans les deux brides restantes, faites une maille de chaîne puis recommencez depuis (*a*).

Cette maille forme un bord de jabot bien ample, et s'emploie pour garniture de bonnets, etc., etc; elle doit être travaillée très-lâche.

Maille de chaîne, crochet à jour (N° 7.)

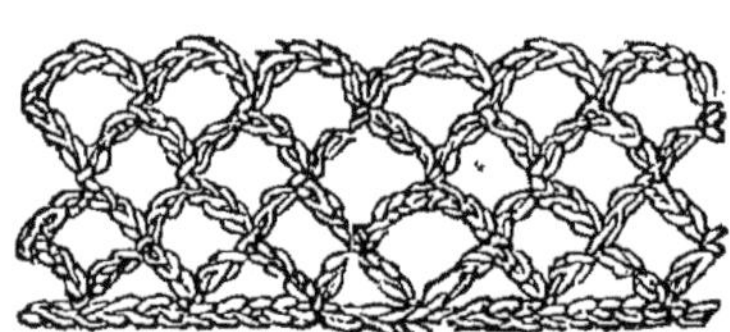

Après avoir fait une chaîne de fondation, faites une maille de crochet uni sur la première bride, puis faites une chaîne de cinq mailles et passez le crochet dans la troisième maille de fondation, faisant ensuite une maille de crochet uni pour arrêter le travail, faites une chaîne de cinq, prenez la troisième bride en laissant les deux premières et continuez comme auparavant.

Dans chaque rang, après celui de fondation, l'extrémité de chaque chaîne de cinq mailles se trouve arrêtée sur la maille centrale de la chaîne du rang précédent.

Ce point, très-gracieux est particulièrement en usage pour bourses, etc., etc.

Feston Victoria.

L'instruction présente et la suivante sont dignes d'attention à cause du parti utile et avantageux qu'on en peut tirer pour border les manchettes et brodequins, etc.

Arrêtez le nœud, (*a*) faites une maille de chaîne (*b*), passez le crochet sous la laine, à travers la maille suivante de fondation, et tirez la laine à travers la bride de fondation; vous aurez alors trois brides sur le crochet, tirez la laine à travers ces trois brides (*c*), faites une maille de chaîne sur la seconde bride de fondation, faites une maille de crochet simple à jour, une maille de chaîne, et recommencez depuis *(b)* jusqu'à *(c)*, une maille de chaîne, puis une maille de crochet simple sur la bride su ante de la fondation et recommencez le tout depuis *(a)*.

Feston semblable, plus petit.

Arrêtez *(a)*, faites deux mailles de chaîne, puis, dans la seconde bride de fondation, faites une maille de simple crochet à jour, puis deux mailles de chaîne, deux mailles de simple crochet sur les deux brides de fondation, puis recommencez depuis *(a)*.

Maille longue solide.

Arrêtez, faites deux mailles de chaîne, *(b)*

passez le crochet sous la laine, à travers la bride de fondation, puis, la ressaisissant, tirez-là à travers les trois brides qui sont sur le crochet, recommencez le tout depuis (*b*).

Nota : un rang de cette maille ayant à peu près douze millimètres et demi de largeur, le morceau tiré à travers la bride de fondation doit être assez long pour permettre d'y réussir.

Crochet à jour maille composée.

Arrêtez (*a*), faites deux mailles de chaîne, passez le crochet sous la laine et à travers la troisième bride de fondation, tirez la laine à travers la bride de fondation, cela fait trois brides sur le crochet; tirez la laine à travers ces trois, passez le crochet sous la laine à travers les mêmes brides de fondation que dessus, tirez la laine à travers cette bride et (ressaisissant la laine) à travers les trois mailles qui sont alors sur le crochet, et recommencez depuis (*a*). Dans les tours suivans, l'espace entre les mailles sert pour le travail à la place des brides.

Bordure en éventail.

Faites une chaîne de la grandeur voulue, avec du coton approprié au travail proposé.

Premier rang: cinq mailles double crochet, huit mailles de chaîne, laissez cinq mailles de fondation; répétez les cinq mailles double crochet, les huit mailles de chaîne et laissez cinq mailles d'un bout à l'autre du tour.

Deuxième rang: Arrêtez, sur la maille centrale des cinq mailles double crochet et faites un tour de simple crochet à jour, jetant une maille sur chacune des huit mailles de chaîne et une maille sur la maille centrale des cinq mailles à double crochet du tour précédent. On ne fait aucune maille de chaîne entre les mailles longues sur les cinq ni sur celles qui sont de chaque côté.

Troisième rang : simple crochet à jour formé dans les espaces avec une maille additionnelle (ou deux) entre les longues mailles ; et on n'établit que sept mailles dans chaque division.

Quatrième rang : simple crochet à jour, six mailles sur chaque division et trois mailles de chaîne entre les longues mailles.

Cinquième rang : maille de chaîne, crochet à jour.

Plateau Hyacinthe.

On le fait en laine de Berlin à quatre fils ; il faut se servir de trois écheveaux noir et demi-once ambre, et demi-once nuancée lilas, ou deux autres couleurs au choix. On se sert d'un crochet fin en acier et d'un crochet en os, une, deux ou trois fois plus gros.

Commencez en faisant avec le crochet d'acier et la laine lilas une chaîne de six mailles ; réunissez la dernière à la première, etc.

Premier tour : lilas, double crochet, augmentez en faisant deux mailles sur chaque bride de la chaîne.

Deuxième tour : lilas, double crochet, la même augmentation par chaque deux mailles.

Troisième tour : lilas, maille composée (1) Une maille dans chaque deux mailles du tour précédent.

Quatrième tour : ambre, double crochet, sans *élargir* ni *rétrécir*.

Cinquième tour : ambre, maille composée, semblable au troisième.

Sixième tour : lilas, double crochet, semblable au quatrième.

Septième tour : lilas, maille composée, une maille chaque troisième bride.

Huitième tour : ambre, double crochet, semblable au quatrième.

(1) On doit comprendre que la maille composée a toujours deux mailles de chaîne entre les mailles solides, précisément comme on l'a indiqué page 27.

Neuvième tour : ambre, maille composée semblable au septième.

Dixième tour : lilas, double crochet, comme le quatrième tour.

Onzième tour : lilas, maille composée, comme le septième tour.

La pièce arrivée à ce point doit être pressée sous un fer chaud pour l'applatir. Le travail suivant doit être fait avec un crochet plus fort.

Douzième tour : noir, maille longue solide, (page 26) une maille dans chaque bride du rang précédent, et faites une maille de chaîne entre les mailles longues solides, pour augmenter le nombre.

Treizième tour : ambre, maille longue, crochet à jour (page 22).

Quatorzième tour : lilas, maille longue à jour.

Ces deux derniers tours doivent être faits très-lâches; quand il sont faits, ils doivent avoir cinquante millimètres en travers, y compris le tour en noir.

Quinzième tour : reprenez le crochet d'acier et, sans couper la laine lilas faites une chaîne de neuf mailles, placez-la sur la treizième bride du rang précédent et arrêtez-la; répétez cette chaîne de neuf mailles durant tout le tour dans la treizième bride et coupez la laine.

Seizième tour : lilas, semblable au dernier; mais la chaîne est seulement de sept mailles et la maille d'arrêt, au bout des sept, est celle du milieu des treize sur lesquelles on a passé.

Dix-septième tour : lilas, double crochet sur le seizième tour.

Dixhuitième tour : ambre, chaîne en mailles

de crochet à jour (N° 7 page 24) sur le dernier tour.

Quand le plateau est posé, les chaînes de neuf sont autour du fond et les tours plus fins avec la chaîne de mailles à jour forment le sommet, les côtés étant le travail lâche des treizième et quatorzième tours.

Brioche ombrée.

Cet article nouveau et fort joli est d'un style tout à fait à la mode, c'est un des plus grands perfectionnemens introduits jusqu'ici dans ce genre fashionable de coussin.

On emploie huit fils laine de Berlin, quatre fils laine superfine floconneuse, ou bien comme étant plus facile à se procurer, laine de Berlin ordinaire doublée.

Couleurs : noir et ambre, et six nuances de la couleur ou de chacune des couleurs choisies pour les séparations ou dégradations.

Commencez avec le noir une chaîne de soixante-douze mailles ayant vingt-huit centimètres de longueur. Le tout s'exécute en double crochet sans aucune augmentation ou diminution au commencement de chaque rang.

	Mailles dans chaque rang.
Premier rang : noir, toute la longueur.	72
Deuxième rang : ambre, toute la longueur.	72
Troisième rang : noir, Id. Id.	72
Quatrième rang : nuancé le plus clair toute la longueur.	72
Cinquième rang : deuxième nuance, en laissant huit mailles au bout, arrêtez.	64
Sixième rang : troisième nuance, diminuez comme dessus.	56

Septième rang : quatrième nuance Id. 48

Huitième rang : cinquième nuance Id. 40

Neuvième rang : nuance la plus foncée Id. 32

Dixième rang : nuance la plus foncée Id. 24

Onzième rang : nuance la plus foncée, formé sur la totalité du dixième rang et de quatre mailles sur le neuvième. 28

Douzième rang : cinquième nuance, augmenté de huit mailles de la même manière que le précédent. 36

Treizième rang : quatrième nuance, Id. 44

Quatorzième rang : troisième nuance Id. 52

Quinzième rang : deuxième nuance Id. 60

Seizième rang : nuance la plus claire Id. 68

Dix-septième rang : noir, augmentez de quatre mailles. 72

Dix-huitième rang : ambre toute la longueur. 72

Dix-neuvième rang : noir toute la longueur. 72

Ces dix-neuf tours forment une division dont

seize sont nécessaires; on répète le tout depuis le premier tour inclusivement faisant deux tours noirs ensemble. Dans la division suivante on peut renverser l'ordre des nuances de manière que les plus claires se trouvent au milieu et présentent une variété agréable.

Bourse pour les profits du jeu.

On donne à cette bourse la forme carrée à l'une de ses extrémités qu'on orne d'une frange ou de petits glands à chaque coin ; l'autre extrémité est réunie en pointe et ornée avec deux petits glands ou un grand gland. Cette bourse se fait en rond. Il faut une masse de perles d'acier et une masse de perles dorées N° 5 ; un écheveau soie fine ambre nuancée pour crochet, ainsi qu'un écheveau noir, trois écheveaux nuancés écarlate et trois nuancés bleu, de soie à tricoter.

Commencez en noir avec une chaîne de **112** mailles et faites un rang de simple crochet à jour (N° **1**, page **16**), ensuite six tours double crochet en noir aussi, en y introduisant le modèle ci-dessous en perles; les deux premiers tours en or, et le reste en acier.

N° 8.

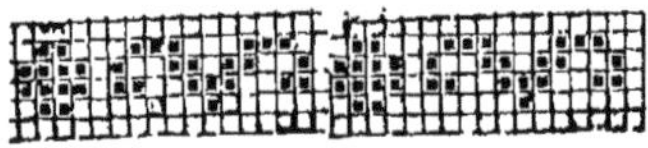

Deux tours de crochet à jour en noir, un tour de crochet à jour en ambre nuancé; deux tours de double crochet de chacune des trois nuances bleu successivement, commençant par la plus foncée et exécutant le dessin ci-bas en perles dorées.

N° 9.

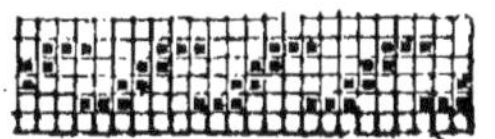

Faites un tour de crochet à jour en ambre nuancé, et deux rangs du même point à jour en noir. Il est essentiel de s'assurer qu'en arrivant à ce point du travail on n'a gagné ni perdu aucune maille, différemment le modèle qui suit ne pourrait y entrer. Exécutez ce dessin avec la soie écarlate et les perles ainsi qu'il suit

N° 10.

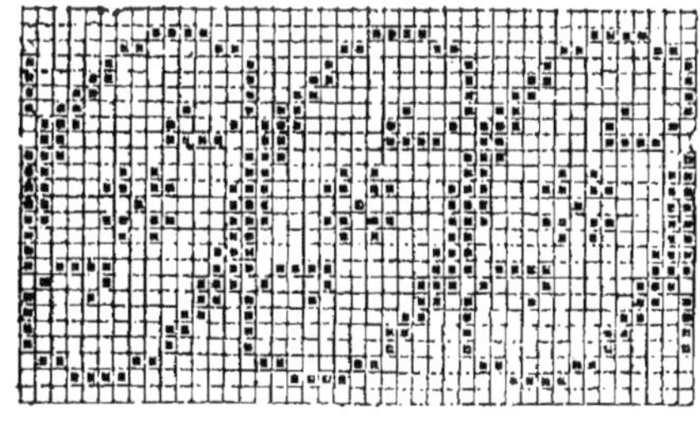

Les trois premiers tours avec la nuance la plus claire et les perles dorées ; les trois suivants avec la nuance moyenne et les perles d'acier, et les trois autres avec la nuance la plus foncée et les perles dorées ; ensuite cinq tours en noir avec les perles d'acier. (Ces cinq tours forment les étoiles.) Ces cinq tours en noir sont le centre à partir duquel il faut répéter ce qui a été fait déjà, en renversant l'ordre de succession des couleurs, c'est-à-dire, que les bandes d'écarlate commençent par le plus foncé, puis deux tours en noir crochet à jour, un tour également à jour en ambre nuancé ; la bande bleue avec les perles commence par la nuance la plus claire, un tour nuancé ambre : deux tours à jour en noir et six tours en noir avec perles comme ci-dessus; maintenant faites un tour en noir de triple crochet à jour (N° 4, page 20), et ensuite quatre rangs de la même maille et couleur en travaillant dans les espaces en allant et en venant (*non en rond*). Faites cinq rangs de la même manière avec chacune des nuances écarlate, commençant par la plus foncée. Finissez avec trois rangs de chacune des trois nuances bleues, mais après avoir fait une bande de bleu, reprenez le travail *en rond;* ceci est le côté réuni en pointe. Pour ce genre de bourse on se sert seulement d'un coulant en acier ou autre, c'est à ce bout qu'est le haut de cette bourse qu'on ferme ordinairement avec une coulisse.

Modèles pour coussins, pantoufles, etc, etc. (N° 11).

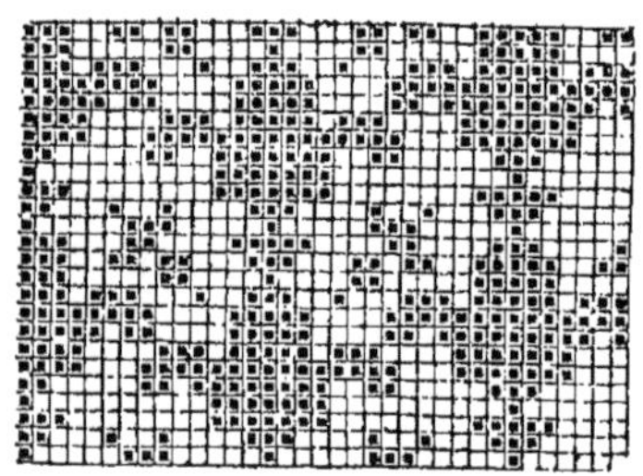

Ce dessin, exécuté en couleurs ombrées sur un champ noir, est d'un très bel effet pour pantoufles, coussins, sacs de voyage, etc., etc. Pour faire des pantoufles sur ce modèle, il faut travailler dans le sens travers du pied. Couleurs : noir, trois nuances de vert, trois cramoisi, trois jaune foncé, c'est-à-dire nuancé jaune rose, la plus foncée olive, la plus claire jaune, et quatre nuances écarlate chaîne noir.

Premier rang, noir et vert foncé. Six mailles noir (*a*), une vert, cinq noir, trois vert, cinq noir, une vert, cinq noir, trois vert, cinq noir, trois vert, cinq noir; répétez le tout depuis (*a*).

Deuxième rang, noir et vert moyen. Cinq mailles noir (*b*), trois vert, trois noir, une vert, deux noir, une vert, quatre noir, trois vert, quatre noir, une vert, deux noir, une vert, trois noir; répétez depuis (*b*).

Troisième rang, noir et vert clair. Quatre mailles noir (*c*), cinq vert, huit noir, sept vert, huit noir, répétez depuis (*c*).

Quatrième rang, noir et cramoisi foncé. Six

mailles noir (*d*), une cramoisi, dix noir, sept cramoisi, dix noir, repétez depuis (*d*).

Cinquième rang, noir et cramoisi moyen, Cinq mailles noir (*e*) trois cramoisi, cinq noir, deux cramoisi, une noir, neuf cramoisi, une noir, deux cramoisi, cinq noir, répétez depuis (*e*).

Sixième rang, noir et jaune rosé. Trois mailles noir (*f*) sept jaune, trois noir, quinze jaune, trois noir, répétez depuis (*f*).

Septième rang, noir et brun foncé. Trois mailles noir (*g*), sept brun, quatre noir, trois brun, une noir, cinq brun, une noir, trois brun, quatre noir, répétez depuis (*g*).

Huitième rang, noir et brun clair. Une maille brun (*h*), une noir, neuf brun, une noir, deux brun, quatre noir, cinq brun, quatre noir, deux brun, répétez depuis (*h*).

Neuvième rang, noir et jaune. Quatorze jaune (*i*), quatre noir, cinq jaune, quatre noir, quinze jaune, répétez depuis (*i*).

Dixième rang, noir et écarlate foncé. Trois rouge, une noir, cinq rouge, une noir, trois rouge, trois noir, une rouge, deux noir, trois rouge, deux noir, une rouge, trois noir ; répétez le rang entier.

Onzième rang, noir et l'écarlate suivant. Quatre noir (*j*), cinq rouge, cinq noir, deux rouge, quatre noir, une rouge, quatre noir, deux rouge, cinq noir, répétez depuis (*j*).

Douzième rang, noir et écarlate troisième nuance. Deux rouge, deux noir, cinq rouge, deux noir, deux rouge, une noir, deux rouge, trois noir, trois rouge, trois noir, deux rouge, une noir, répétez le rang entier.

Treizième rang, noir et écarlate clair. Une rouge *(k)*, quatre noir, trois rouge, quatre noir, deux rouge, quatre noir, cinq rouge, quatre noir, deux rouge, répétez depuis (*k*).

Répétez ensuite le tout depuis le premier rang inclusivement.

Frange pour Corniche et pour bordure de Tapis.

Ce travail fait de très-grosse laine, doublé d'une étoffe épaisse pour intercepter la lumière, et suspendu comme corniche d'une fenêtre, ressemble aux plus belles franges, coûte beaucoup moins et procure quelques heures de distraction. Lorsqu'on exécute ce travail avec des matières plus fines, il peut servir avantageusement à border des tapis de tables, de cheminées, etc, etc.

Couleurs : noir, marron foncé, rubis ou marron clair, rouge écarlate éclatant et écarlate clair. Chaîne en noir de la longueur voulue.

Premier rang. Quatre mailles marron, une noir, (*a*) cinq marron, une noir ; répétez depuis (*a*).

Deuxième rang. Une marron, trois rubis, une marron, une rubis; répétez le tout.

Troisième rang. Une rubis, deux écarlate, une marron, une rubis, une marron ; répétez le tout.

Quatrième rang. Une rose, une écarlate,

une marron, une rubis, deux écarlate; répétez le tout.

Cinquième rang. Une écarlate, une marron, deux écarlate, deux rose; répétez le tout.

Sixième rang. Deux noir, une rubis, trois écarlate; répétez le tout.

Septième rang. Noir.

On répète le tout depuis le premier rang inclusivement. On ne peut juger de l'effet de ce modèle qu'alors qu'on l'a répété quatre ou cinq fois. Le bord où se trouve le commencement du rang, forme le fond du modèle; et lorsqu'on a besoin d'une galerie, on peut faire une bordure étroite, telle que celles n°s 8, 9 et 23, sur le bord opposé; le champ en noir, et le dessin nuancé aux couleurs de la frange.

Travail au crochet avec Perles.

Quand on travaille avec des perles, le côté du travail, qui, dans d'autres cas, est l'envers, devient l'endroit dans celui-ci. Les perles sont enfilées sur la soie, et on les tire une à une lorsqu'il est nécessaire. La manière d'enfiler ces perles avec une aiguille, étant longue et ennuyeuse, nous allons indiquer un moyen simple et expéditif pour y réussir plus facilement; c'est tout simplement d'effiler par un bout la soie et le coton où se trouvent les perles, et de les réunir en les roulant entre les doigts, après les avoir trempées dans une dissolution de gomme arabique presque solide, dans deux ou trois minutes, ces deux fils sont parfaitement adhèrents l'un à l'autre, et les perles passent sans difficulté de l'un à l'autre.

Chapitre sur les Bourses.

Les bourses longues peuvent être travaillées en rond ou sur le sens de la longueur. En travaillant en rond, on peut exécuter de jolis dessins autour des bourses (*Voyez la bourse des profits du jeu*, page 37), et facilite le moyen de faire en maille plus unie, la portion où glissent les coulans, ce qui leur donne plus d'aisance. Dans la suite, nous donnons une série de dessins-modèles appropriés aux travaux en perles, la bande où se trouve représenté le dessin est toujours en double crochet, tandis que le corps de la bourse peut être de quelque variété de maille, ou autre point qu'on voudra, qu'on y fasse ou non figurer des perles. La longueur de la chaîne de fondation sera selon le plus ou moins d'ampleur qu'on veut donner à la bourse; le nombre des mailles varie aussi selon la grosseur de la soie; mais, dans tous les cas, il faut bien observer que le nombre des mailles doit-être un multiple de celles que renferme le dessin qu'on veut exécuter. Plus la soie est grosse, plus le dessin doit être petit.

N° 12.

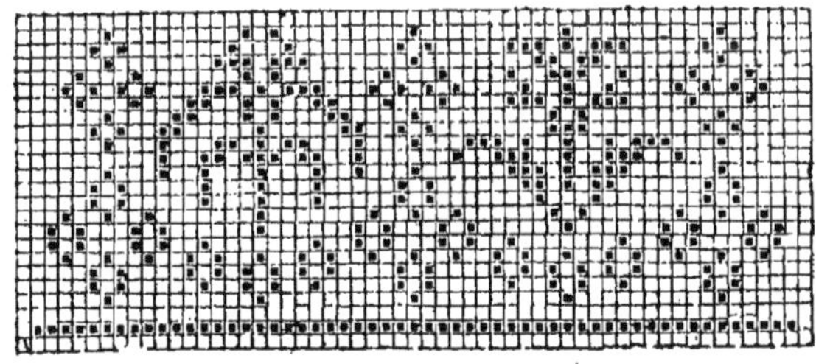

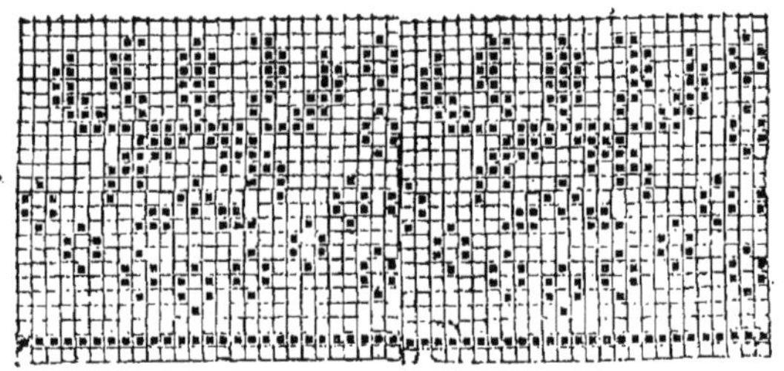

N° 13.

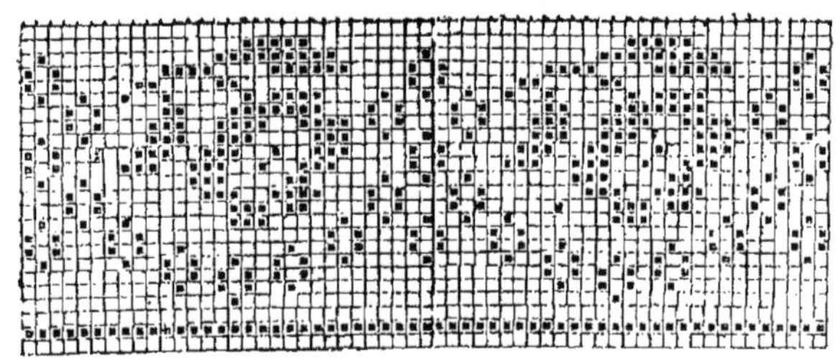

N° 14.

Il y a une autre manière de travailler en rond, que voici :

Premier rang. Faites cinq mailles de chaîne,

laissez-en cinq de fondation pour correspondre, travaillez sept mailles double crochet sur la fondation ; faites cinq mailles, laissez-en cinq, travaillez-en sept, etc., etc. Le second tour et les suivants se font de la même manière ; toutefois, des sept mailles double crochet de ces tours, six sont formées sur le double crochet du tour précédent, et une sur la première maille des cinq mailles de chaîne; les cinq mailles de chaîne à leur tour empiétent d'une maille sur les sept à double crochet, et forment ainsi des bandes en spirale alternativement pleines et à jour. La largeur de la bande pleine peut être variée à plaisir, et on peut y exécuter des dessins en diagonale avec perles.

Lorsqu'on fait une bourse *sur le sens de la*

longueur, la fondation doit avoir toute la longueur de la bourse, et on exécute la bourse elle-même, généralement en bandes partie à jour, partie à points pleins; ces derniers, étant double crochet peuvent être ornés de perles avec des dessins adaptés aux bourses courtes, ou bien ces mêmes dessins peuvent être faits en soie de deux couleurs; cependant, quoiqu'on adopte cette dernière façon, elle rend les bourses moins agréables à l'œil que lorsqu'il y a des perles.

Les bourses courtes se font en rond. On peut les faire de la même manière qu'une demi-bourse longue, et agréablement variées dans le travail, entièrement en double crochet, une bande d'environ douze tours en couleur unie, alternant avec une autre bande semblable en soie ombrée, la dernière bande unie, et la première, portant l'un des dessins suivants :

N° 15.

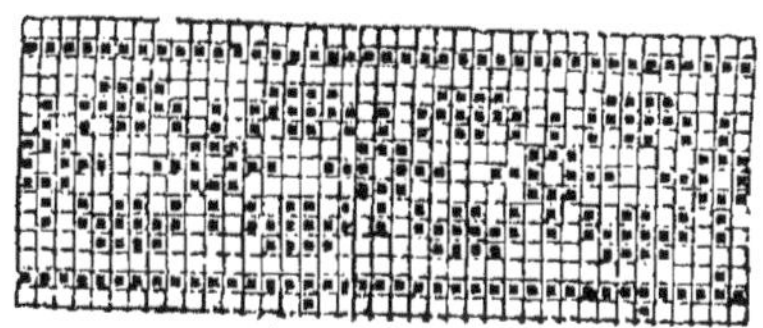

N° 16.

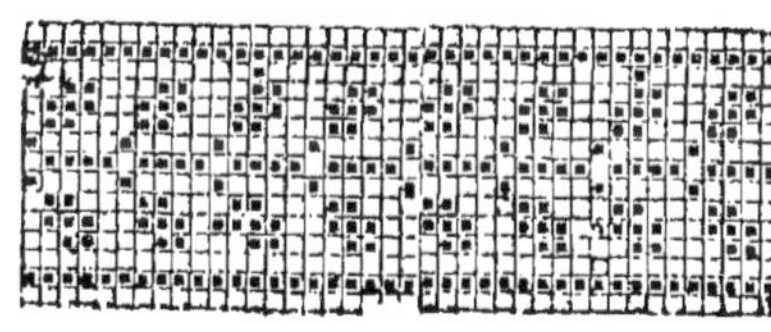

N° 17.

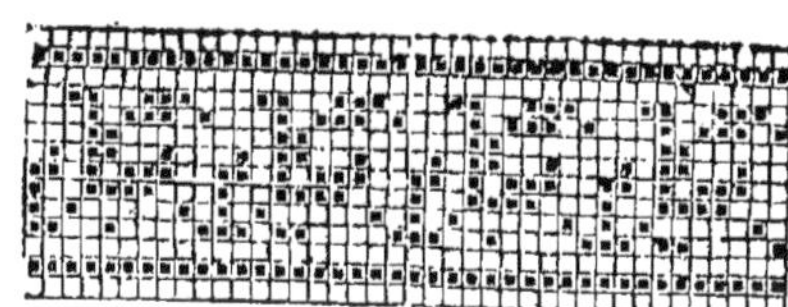

N° 18.

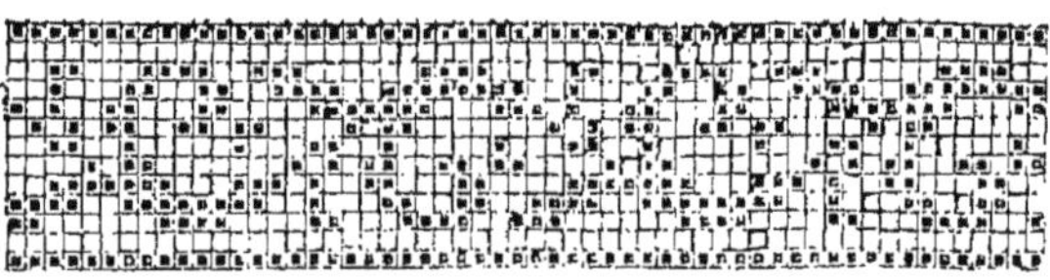

N° 19.

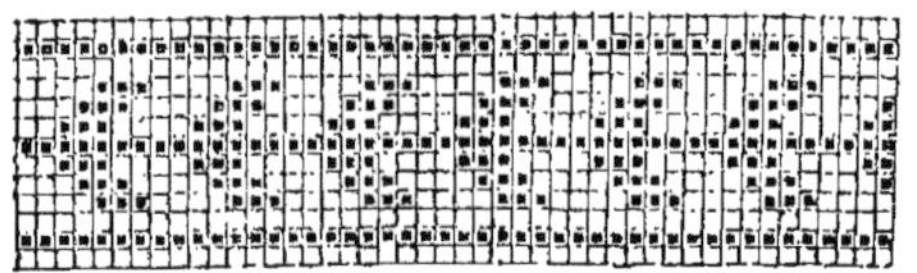

N° 20.

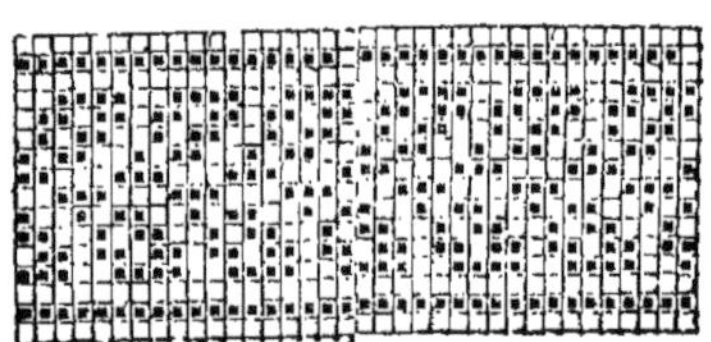

Les bourses courtes qui sont faites pour avoir un fermoir rond, peuvent être exécutées de la même manière que les dessous de lampe, (page 82), ou comme le Plateau rond Hyacinthe (page 30), jusqu'au onzième tour ; on garnit ordinairement ces sortes de bourses avec une frange de perles.

Coiffure Orientale.

C'est une espèce de coiffure nouvelle très-belle pour la sortie du spectacle.

Toute cette coiffure, excepté la bordure, est faite au crochet simple à jour, exécuté dans les brides. Il faut une demi-once de laine de Berlin, blanche, une demi-once nuancée, et trois écheveaux en cinq nuances claires de la couleur de la laine nuancée.

Commencez avec une chaîne blanche ayant

250 mailles, et mesurant environ 37 centimètres. Sur cette chaîne, faites un seul rang de crochet à jour en blanc; ensuite, avec les nuances les plus claires, faites un rang autour de cette pièce; c'est-à-dire, le long de chaque côté et autour de chaque extrémité. Continuez ce tour avec un rang de laine blanche de la même manière, puis un tour avec chacune des nuances successivement plus foncées, et enfin, un rang en blanc après tous les rangs de couleur. Lorsque la quatrième nuance a été placée en faisant sept raies sur chaque côté du centre blanc, la longueur totale se trouve augmentée jusqu'à soixante-dix centimètres, les deux rangs restant de laine blanche et colorée se font sur toute la longueur, mais non sur les côtés, les soixante-dix centimètres

étant une longueur suffisante; cette bande doit avoir quinze centimètres de largeur.

Sur le bord de la bande en laine nuancée, faites un feston Victoria (page 25) de 125 millimètres à partir du bout, ensuite changez la maille en un simple crochet à jour pour le reste du rang, jusqu'à 125 millim. de l'autre bout, sur lesquels vous faites de nouveau le feston Victoria, ces deux extrémités devant correspondre l'une à l'autre. On n'ajoute rien au feston Victoria, mais sur le rang de crochet à jour, faites un rang de feston Victoria, sur ce rang (*a*), un rang de chaîne unie, arrêté après chaque cinq mailles dans la pointe du feston; sur cette chaîne, faites trois rangs de chaîne crochet à jour, chaque chaîne, ayant sept mailles, et sur le troisième rang, un rang de chaîne unie, finissez avec un rang de feston Victoria; cette disposition s'applique au-devant de la coiffure; pour le derrière, il faut faire sur l'autre bord le feston Victoria, dans toute la longueur; ensuite laissant quinze centimètres de chaque bout sans y rien faire, on exécute la longueur restante du même travail que pour le devant, tel qu'il est indiqué depuis (*a*).

Pour monter cette coiffure, froncez les deux bouts et à chacun vous fixerez un gland en chenille nuancée, s'assortissant au bonnet. Il faut aussi avoir deux mètres 1/2 de ruban de satin blanc d'environ 25 millimètres de large que l'on dispose ainsi : sur chaque côté de la pièce composant la coiffure on fait courir un morceau de 5/8 de long, en travers de la bande blanche centrale. De chaque côté de la coiffure, on effile un morceau de ruban de 85 centimètr. de long, sur la raie blanche parallèle à la bordure du devant et on le noue devant avec de longs bouts; un morceau semblable attache les deux côtés du bonnet à l'extrémité de la bordure derrière et un autre ruban est placé en arrière sur le haut de la coiffure.

Il faut rabattre les deux bordures sur le fond du bonnet.

Dessin pour coussins et tabourets.

N° 21.

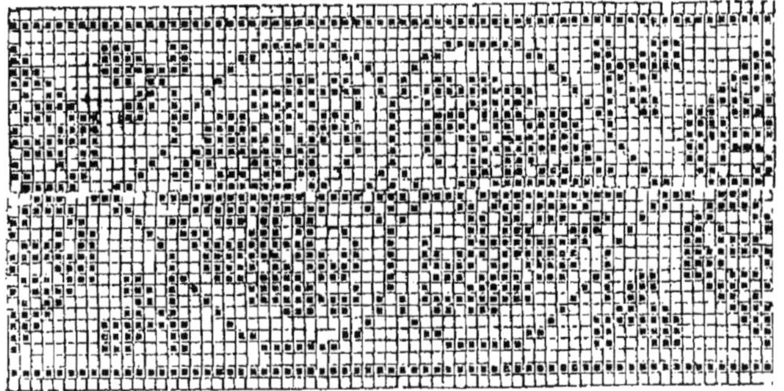

On exécute ce travail avec la laine simple d'Allemagne. Couleurs : noir, et quatre nuances de deux couleurs faisant contraste ; l'une pour le champ et l'autre pour le dessin. Commencez avec une chaîne en noir de la longueur requise, puis suivez le dessin ci-dessus, en faisant quatre rangs de chacune des nuances du champ depuis la plus foncée et cinq avec les plus claires, ce qui formera le centre. Les nuances de la couleur formant le dessin doivent correspondre aux nuances du champ. Entre les raies du dessin, faites un rang en noir.

Sacs très-élégans.

On peut faire au crochet, avec la soie, la chenille et l'or, de fort jolis sacs en y appliquant les dessins Nos 15, 16, 19, etc. On exécute ces dessins en soie de deux couleurs, soit bleu sur blanc; ponceau sur vert pâle, etc., en bandes doubles en longueur de la profondeur du sac; en faisant entre les bandes trois ou quatre rangs de quelque maille à jour en fil d'or ou en cordonnet.

Dessin de rubans. (N° 22).

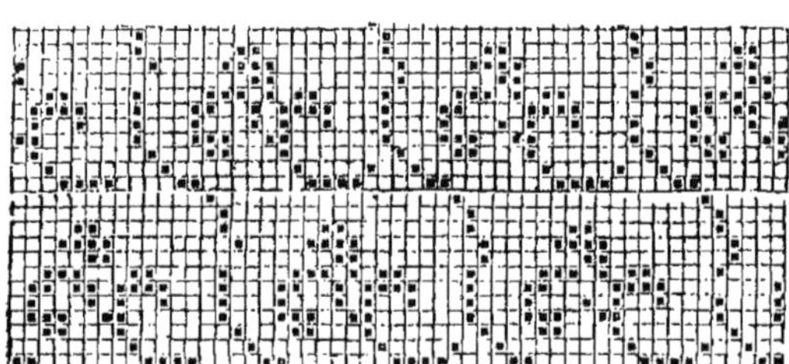

Pour coussins, etc, etc. Laine simple d'Allemagne. Quatre nuances de cramoisi; quatre de vert; quatre d'ambre ; cette dernière nuancée de jaunes foncés. Les branchages et les lignes de division se font en ambre, les champs des branchages sont alternativement vert et rouge nuancés ainsi : Commencez sur une chaîne de la grandeur voulue, avec la nuance voisine de la plus foncée de chacune des couleurs, les deux premières mailles ambre, puis 4 vert, 4 ambre, 7 vert, 2 ambre, 4 rouge, 4 ambre, 7 rouge, etc., faites le rang suivant avec les mêmes nuances, les deux suivants dans les nuances plus claires, puis deux rangs dans les nuances les plus claires; continuez ainsi deux rangs d'une nuance, nuançant du clair au foncé et ainsi de suite en retournant au clair nuancé clair.

Anti-Macassar, ondulés à raies.

Ces pièces de tricot qu'on fait indifférement en laine de couleur et en coton blanc uni sont d'une grande utilité; on les place sur les angles des canapés, fauteuils, etc., pour empêcher le contact des cheveux avec l'étoffe dont ils sont recouverts, qui, à la longue, deviendrait malpropre. On prend pour exécuter ce travail deux écheveaux de laine par six couleurs ayant sept nuances chacune ; soit : couleur de muraille, écarlate, bleu, orange, lilas et vert, avec quinze écheveaux noir et une demi-once ambre nuancé, le tout en laine de Berlin à quatre fils. Tout le rang du modèle se fait en longues mailles de crochet à jour (voyez page 22), mais lorsque nous mentionnons une maille *de longue maille à jour*, on comprendra que la description qui a été donnée ne s'applique ici que jusqu'à la douzième ligne ; et exclut par conséquent la maille de chaîne. L'introduction de différens nombres de mailles de chaîne entre les longues mailles étant le moyen par lequel ce modèle est formé ; dans celui-ci la maille est plus serrée que d'habitude (plus semblable au simple crochet à jour, à laquelle elle ressemble, mais plus longue, comme son nom l'indique).

Faites une chaîne de 208 mailles, ayant 65 centimètres de longueur; sur cette chaîne, faites un rang de longues mailles solides (page 26) en noir (plus serrées que celles qui sont indiquées à cette page,) ensuite, en couleur de muraille claire, faites *un rang du modèle* ainsi : une maille longue à jour dans la première bride de la laine noire, puis faites cinq mailles *longues à jour* et deux mailles de chaîne avant chacune, et travaillant ainsi sur chaque bride en alternant, c'est-à-dire, prenant une, laissant une; la première de ces cinq dans la troisième bride; la seconde dans la cinquième, ainsi de suite (*a*). Faites ensuite dix mailles *longues à jour* avec *une* maille de chaîne avant chacune d'elles, et travaillant sur chaque troisième bride; c'est-à-dire laissant deux brides entre; la première de ces dix mailles se trouve sur la quatorzième bride; la seconde sur la dix-septième à partir du commencement. Faites suivre ces dix mailles de dix autres mailles, faites de la même manière que les cinq premières, c'est-à-dire deux mailles de chaine avant chacune et travaillez sur une bride *si* et une bride *non* (*b*) répétez les vingt mailles depuis *a* jusqu'à *b* durant tout le rang. Refaites ce rang de toutes les couleurs de muraille successivement jusqu'à la plus foncée; ensuite faites un rang de mailles longues solides en noir comme en premier lieu, ensuite un rang de dessin en ambre nuancé, puis un autre rang en noir comme auparavant. Ceci forme une raie, répétez-la avec chaque couleur dans l'ordre indiqué, entre chaque deux couleurs, le rang d'ambre entre deux rangs noir. La frange dont la description suit est très appropriée à la garniture de cet ouvrage.

Frange.

Cette frange est particulièrement bien adaptée pour déployer la beauté de la laine nuancée quand on l'adapte à une couleur unie. La description s'applique à ce dernier genre; mais on peut l'exécuter aussi bien en une seule nuance de laine ou en coton.

Chaine de la longueur voulue } couleur unie.
Premier rang. Double crochet }

Deuxième rang. Maille de chaine à jour;

cinq mailles de chaine arrêtées dans chaque troisième bride du premier rang. Nuancé.

Troisième rang. Chaine, chaque troisième maille prenant le centre des cinq mailles du rang précédent. Couleur unie.

Quatrième rang. Double crochet. Couleur unie.

Cinquième rang. Crochet simple à jour. Nuancé.

Sixième et septième rangs. Double Crochet. Couleur unie.

Huitième rang. Passer la laine sur le dos des deux doigts du milieu de la main gauche, par l'intérieur, puis de nouveau sur le dos, et faites une maille double crochet, prenant celui des deux tours sur la main gauche, qui est le plus voisin du peloton duquel vous

vous servez, de manière que la longueur qui se trouve dévidée autour des doigts, reste pour former les barbes de la frange, on repète le tout pour toute la longueur du rang, qui doit être de laine nuancée. On peut travailler un pouce et plus avant de retirer les doigts, et la frange faite ainsi se trouve très-régulière.

Sac. (N° 23).

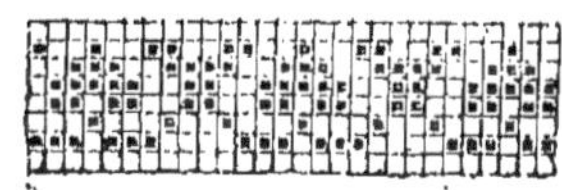

En laine de Berlin : couleurs, noir, ambre nuancé, quatre nuances de vert et cinq de lilas. Chaine noir ; sa longueur est le double de la profondeur du sac, Premier rang mailles longues solides en laine ambre nuancée. Second rang, noir double crochet. Troisième rang de même que le premier.

N° 24.

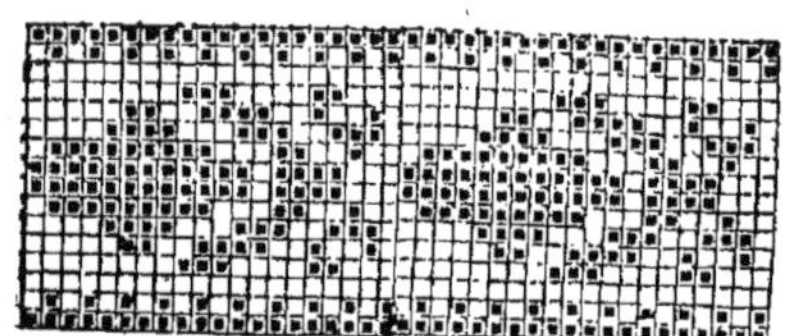

Commencez le dessin ci-dessus, le premier rang noir, le second noir et vert le plus foncé; troisième, vert le plus foncé; quatrième, second vert et lilas le plus clair; cinquième, vert second et lilas quatrième nuance; sixième, vert troisième et lilas troisième; septième, vert troisième et lilas second; huitième, vert le plus clair et lilas le plus foncé. Répétez le tout, en renversant l'ordre des couleurs et des nuances jusqu'au premier rang du dessin, ensuite introduisez les rangs d'ambre nuancé et noir; suivez-les de rechef avec le dessin et ainsi de suite. Ce sac lorsqu'il est fini, consiste en raies perpendiculaires, alternativement composées de deux rangs ambre nuancé avec une raie noire entre, et le modèle ci-dessus, le dessin étant lilas sur un champ vert.

Bonnet élégant avec garniture très-ample.

Adopté pour porter sous un chapeau ou à la maison, ce bonnet est universellement admiré. Il faut une demi-once de laine blanche, autant de laine nuancée de Berlin à quatre fils.

Commencez avec chaine de 130 mailles laine blanche qui devra avoir trente centimètres de longueur.

Premier rang. Blanc. Crochet simple à jour.

Second rang. Blanc. Double crochet, en prenant la bride de devant.

Troisième rang. Nuancé. Crochet simple à jour; commencez sur la seconde bride, et laissez en deux à la fin du rang, afin de rétrécir par chaque bout.

Quatrième rang. Nuancé. Double Crochet, de même que le second rang. Les troisième et quatrième rangs forment une bande ; répétez cette bande en blanc et en couleur alternativement *sept* fois de plus, faisant neuf bandes pour le *bonnet* rétrécissant dans chacune , comme il a été dit. On fait ensuite un rang en double crochet autour du bonnet tout en laine nuancée.

Pour la bande de derriere, commencez une

chaine de laine nuancée de 30 mailles. Premier rang, double crochet nuancé; second rang, blanc, simple crochet à jour; troisième et quatrième rangs nuancé double crochet. Attachez la bande sur le derriere du bonnet, un bout de la bande attaché à chaque bout du côté le plus étroit.

Pour la bordure. Commencez au bas du devant (du côté droit) et travaillant le long du devant, faites en laine blanche et crochet simple à jour, trois mailles dans chacune des 24 brides successives; sur ce rang de laine blanche faites encore un autre rang en blanc, en maille longue de crochet à jour, en commençant du même bout que ci-dessus, travaillant dans les espaces ouverts. Maintenant faites les deux mêmes rangs à l'autre bout du devant, mais, dans la vue de placer ce même côté en dehors, on doit dans ce cas commencer le travail à la vingt-quatrième maille à partir du bout et continuer jusqu'au bout. Arrivé là, commencez avec la laine nuancée, au même endroit où vous avez commencé la garniture, et faites un rang de longues mailles crochet à jour sur toute la longueur du devant, lorsque vous êtes sur le blanc travaillez dans les espaces, et quand c'est sur la couleur, faites une maille dans chaque bride. Sans rompre la laine et faisant une chaine de sept mailles, arrêtez la dans le dix-neuvième espace, en faisant une de double crochet pour l'y fixer; ensuite autre chaine de même longueur (sept mailles) arrêtée dans le dix-septième espace, continuez ces chaines de sept mailles en les arrêtant successivement dans le treizième, le onzième, le neuvième espaces, jusqu'à ce que vous ayez parcouru tout le travail en laine blanche; et sur l'espace en laine de couleur dans le milieu on prend chaque septième espace ; puis sur la laine blanche prenez de nouveau le neuvième, le onzième et le treizième, dix-septième et dix-neuvième pour correspondre avec l'autre bout.

Ce rang de chaine sur le devant a formé en plis régulier la garniture des côtés de la face. Il faut encore un morceau de maille de chaine semblable à celle du devant, derrière chacune de ces garnitures pour pouvoir les ajuster.

Corset Kamschatdale.

Ce corset qui a mérité de grands éloges est

très-facile à exécuter même pour les commençants.

Il est fait entièrement en crochet élastique, c'est-à-dire en crochet uni travaillé en va et vient; mais il est nécessaire de faire observer que dans cette maille, à l'extrémité de chaque rang, lorsqu'on tourne en rond pour travailler le derrière du corset, il faut faire une chaîne de mailles pour éviter les rétrécis, qui autrement auraient lieu. Il faut deux cents grammes de laine floconneuse superfine, et un crochet très-fort.

Faites une chaîne de quarante-deux mailles ayant trente-cinq centimètres; travaillez arrière sur cette chaîne et augmentez (en faisant trois mailles de chaîne, et laissant la troisième relâchée, travaillez en arrière sur les deux autres,) au bout de ce premier rang et à chacun des sept rangs suivants. Au neuvième et dixième rang, augmentez de six mailles au bout de chacun, ce qui fait un total de soixante-dix-huit mailles, sur lesquelles faites treize rangs. Au quatorzième rang faites trente-sept mailles et retournez en arrière sur ces mailles. Seizième rang, faites trente-cinq mailles et retournez en arrière sur celles-ci. Dix-huitième rang faites trente-trois mailles et continuez huit rangs de même. Au rang suivant, faites vingt-sept maillés et tournez en arrière; au suivant, vingt mailles et en arrière; ensuite un rang (*a*) sur les vingt, les sept et les six, pour faire une fin égale; ce rang étant de la longueur entière de trente-trois mailles, arrêtez.

Maintenant retournez au treizième rang sur lequel les trente-sept mailles sont faites, et laissant quatre mailles au bout des trente-sept, travaillez sur la cinquième et jusqu'à la fin (étant trente-sept mailles), retournez en faisant trente-cinq mailles, et en arrière sur celle-ci, retournez trente-trois mailles et sur ces trente-trois faites quatorze rangs et arrêtez.

Faites une autre pièce exactement la même, et joignez les deux pièces ensemble en attachant les deux rangs marqués (*a*) l'un à l'autre, dans toute leur longueur, et laissant la chaîne originale à chaque pièce pour l'emmanchure; cousez ou réunissez au crochet les bouts en biais de la première avec le dixième tour, faites deux rangs de crochet uni, un rang de crochet à jour, deux rangs de simple crochet, le long de la taille et tout autour du cou, le rang de crochet à jour étant pour recevoir le ruban.

N° 25.

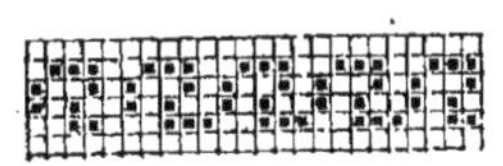

Dessin pour un Sac. (N° 26).

Fait en laine d'Allemagne simple. Le champ d'un des compartiments est écarlate brillant, avec le dessin en trois nuances couleur de pierre, l'autre marron, le dessin en trois nuances or. Dans tous les cas, faites le premier rang du modèle de la nuance la plus foncée et faites un rang de chaque nuance, de la foncée à la plus claire, et recommencez avec la plus foncée, etc., etc.

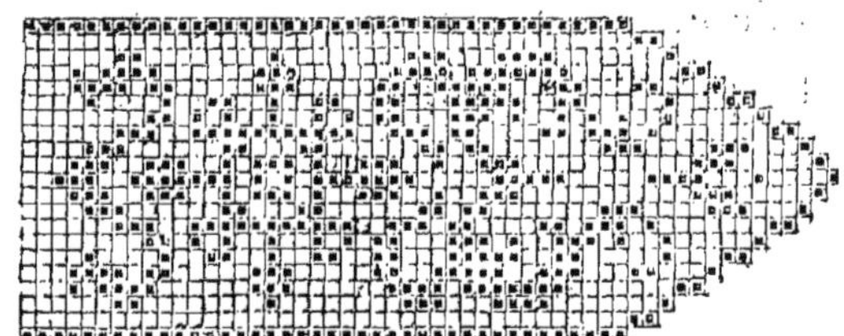

Le sac consiste en quatre compartiments de la forme du dessin ci-dessus, les extrémités en pointe sont réunies ensemble et arrêtées au fond par un gland.

Dessous de lampe en coton.

Faites quinze mailles de crochet uni simple à jour sans maille de chaîne entre, elles doivent être faites sur une longueur de coton, travaillant sur le coton de même que vous le feriez dans un espace en faisant un rang de maille; ensuite unissez les deux extrémités de la longueur de coton ce qui forme une fondation ou centre rond. Sur ce centre: premier tour, une maille de simple crochet à jour dans chaque bride du dernier tour, faisant deux mailles de chaîne entre les longues mailles.

Deuxième tour. Maille de chaîne crochet à jour, trois mailles dans chaque chaîne arrêtées par une maille de crochet double dans chaque seconde bride du premier tour.

Troisième tour. Le même que le second, mais quatre mailles au lieu de trois et on tient la maille double crochet tres lâche pour que le travail soit à jour, ce tour est fait immédiatement sur la même maille du tour précédent.

Quatrième tour. Le même que le troisième, mais cinq mailles au lieu de quatre.

Cinquième tour. Double crochet en prenant chaque bride du rang précédent.

Sixième tour. Maille de chaîne crochet à jour, cinq mailles dans chaque chaîne, prenez chaque troisieme bride de fondation.

Septième tour. Maille de chaîne à jour, six dans chaque chaîne, prenant la maille du milieu de la premiere chaîne.

Huitième tour. Le même que le septième, mais sept mailles au lieu de six.

Neuvième tour. Une chaîne unie, chaque sixième maille arrêtée sur celle du milieu des sept du huitième tour.

Dixième tour. Simple crochet ouvert sans maille de chaîne entre, faites une maille dans chaque bride du neuvième tour.

Onzième tour (*a*). Faites une chaîne de cinq

mailles, ensuite, dans la cinquième maille de fondation, faites deux mailles de simple crochet à jour, sans chaîne entr'elles; puis cinq mailles de chaîne, après quoi deux mailles de simple crochet à jour comme dessus, faites dans la maille de fondation qui suit la maille dans laquelle les autres ont été faites, répétez depuis *(a)*.

Douzième tour. Cinq mailles de chaîne et une maille Van-Dyck à jour alternativement, la maille Van-Dyck, étant faite dans l'espace entre le crochet à jour du dernier rang, les espaces où il n'y a pas de mailles de fondation doivent être négligés.

Finissez avec deux rangs de crochet uni. Ces plateaux peuvent être garnis avec des franges, ou avec la bordure d'éventail à la page 29 qu'on peut exécuter tout autour.

Anti-Macassars, modèle de feuilles.

Lorsqu'on fait ces anti-macassars c'est généralement en maille de chaine, maille Van-Dyck, ou en simple crochet à jour. Le modèle dont nous parlons, sans être plus difficile que le précédent, doit être regardé comme une gracieuse nouveauté dans ces articles utiles. On fait le tout en maille de crochet à jour (n° 1 page 20) mais comme, en fait, une maille de simple crochet à jour n'est autre chose qu'une maille de chaine et une maille longue, et que le double et le triple crochet à jour sont précisément la même chose, que seulement deux ou trois mailles longues sont placées ensemble, et que ensuite deux ou trois mailles de chaine sont faites consécutivement, ainsi ce modèle est formé de différents nombres de chaines de ces mailles qui sont travaillées ensemble de la même manière. Quel que soit le nombre de mailles de chaînes mentionnées, autant de mailles doivent être omises sur le rang sur lequel on travaille, et les mailles longues se font quand elles sont indiquées sans aucune maille de chaîne entr'elles. Il est nécessaire de faire observer qu'après vingt rangs, c'est à peine si on peut juger le modèle. Au commencement de chaque rang, faites quatre mailles longues avant de compter d'après l'indication, le rang doit être fini de la même manière. Commencez avec une chaine de 309 mailles en coton à tricoter n° 12 ou 16.

Premier rang (*a*). Quatre mailles de chaine, trois longues mailles, une chaine, trois longues, deux chaines, trois longues, trois chaines, quatre longues; répétez le tout depuis (*a*).

Deuxieme rang (*b*). Trois chaines, trois longues, une chaine, trois longues, trois chaines, une longue, une chaine, trois longues, trois chaines, deux longues; répétez le tout depuis (*b*).

Troisieme rang. Trois chaines, (*c*) deux longues, une chaine, trois longues, quatre chaines, une longue, une chaine, deux longues, une chaine, deux longues, six chaines, répétez depuis (*c*).

Quatrieme rang. Trois chaines (*d*), quatre longues, trois chaines, trois longues, deux chaines, trois longues, une chaine, trois longues, quatre chaines; répétez depuis (*d*).

Cinquieme rang (*e*). Trois chaines, deux longues, trois chaines, trois longues, une chaine, une longue, trois chaines, trois longues, une chaine, trois longues; répétez depuis (*e*).

Sixieme rang (*f*). Six chaines, deux longues, une chaine, deux longues, une chaine, une longue, quatre chaines, trois longues, une chaine, deux longues; répétez depuis (*f*).

Répétez le tout en commençant par le premier rang.

On peut employer la garniture d'éventail (page 30) pour orner les bords de cette pièce, en la faisant avec le coton du même numéro.

N. B. Comme il arrive que chacun travaille avec un degré différent de tension sur le fil, etc., et que le même Crochet, dans des mains différentes, produit un travail différent ; nous avons pensé qu'il serait mieux d'indiquer la longueur de chaîne nécessaire pour certains travaux et le nombre de mailles formant cette longueur, de façon que chacun puisse choisir le Crochet le mieux adapté, pour la grosseur, au travail à faire.

TABLE.

Pages.

www.ingramcontent.com/pod-product-compliance
Ingram Content Group UK Ltd.
Pitfield, Milton Keynes, MK11 3LW, UK
UKHW012052240726
13965UKWH00003B/1227